Manual de Neumática *Ing. Miguel D'Addario*

Manual de Neumática 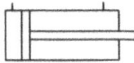 *Ing. Miguel D'Addario*

ISBN-13: 978-1545380505

ISBN-10: 1545380503

Manual de Neumática 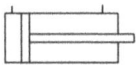 *Ing. Miguel D'Addario*

Manual de
NEUMÁTICA

Fundamentos, cálculos y aplicaciones

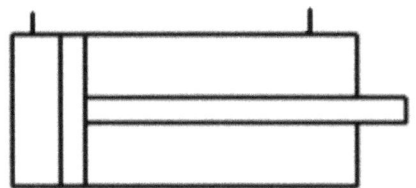

Ing. Miguel D'Addario

Manual de Neumática 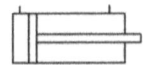 *Ing. Miguel D'Addario*

Primera edición
2017
CE

Manual de Neumática 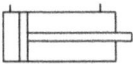 *Ing. Miguel D'Addario*

Índice

Autor *15*

Introducción *17*
    Propiedades del aire comprimido **19**
    Ventajas e inconvenientes
    El aire: constantes y propiedades físicas **20**
    Concepto de presión: absoluta, relativa y atmosférica **21**
    Unidades de presión **22**
    Compresibilidad del aire comprimido **23**
    La Ley de Boyle Mariotte **24**
    La Ley de Gay Lussac
    La Ley de Charles
    Ejercicio **25**
    Problema **26**

Generalidades *28*
    Mandos neumáticos
    Ventajas de la Neumática **31**
    Desventajas de la neumática **32**
    Comparación con otros medios
    Circuito neumático
    Circuitos neumáticos **33**
    Método de paso a paso **34**
    Los siguientes pasos llevan a diseñar un circuito neumático de paso a paso **35**
    Utilizar el método de cascada **37**
    Compresor **38**
    Historia **40**
    Utilización **42**
    Tipos de compresores **43**
    Clasificación según el método de intercambio de energía
    Cabezal para compresor de pistón **44**

Principios de la neumática *50*
    Definición de fluidos
    Gases
    Fuerza **51**
    Masa **52**
    Volumen

Presión **53**
Presión por fuerzas externas **54**
Presión absoluta **55**
Presión relativa o manométrica
Presión de vacío
Peso específico
Densidad relativa **56**
Temperatura **57**
Viscosidad **58**
Viscosidad dinámica o absoluta
Viscosidad Cinemática **59**
Trabajo
Potencia **60**
Caudal
Ecuación de estado **61**
Ecuación de estado de gases ideales **62**
Ley de Boyle Mariotte **63**
Ley de Gay – Lussac **64**
Principio de pascal
Problema **65**
Principio de continuidad **66**
Problema **67**
Ecuación de la energía (Teorema de Bernoulli) **68**
Problema **71**

Obtención y distribución del aire comprimido *73*
Compresores
Tipos de compresores
Hay dos tipos básicos de compresores:
Compresor de émbolo oscilante de dos etapas **74**
Depósitos **77**
Acumulador de Pistón **78**
Acumulador de gas no separado **79**
Acumulador de Diafragma
Acumulador de vejiga **80**
Observaciones **81**
Distribución del aire comprimido **82**
Tuberías
Tratamiento del aire comprimido **83**
Preparación del aire comprimido
Unidad preparadora de aire (UPA o FRL) **86**

Filtrado del aire comprimido
Filtros de aire **87**
Regulación de la Presión **88**
Reguladores de presión **89**
Filtro con regulador de presión **90**
Lubricador **93**
Unidad de mantenimiento **96**
Compresor Axial **97**
Compresor Radial **98**
Accionamiento del compresor **99**
Ubicación de la estación compresora **100**

Elementos de trabajo *102*
Motores neumáticos: clasificación
Cilindros neumáticos
Cilindros de simple efecto **104**
Cilindros de doble efecto **105**
Cilindro de doble efecto con amortiguación interna **106**
Cilindros de doble efecto para palpación sin contacto **107**
Otros tipos de cilindros **108**
Cilindros sin vástago **109**
Juntas de los cilindros
Consumo de aire en cilindros neumáticos **110**
Sensores neumáticos **111**
Captadores de presión **112**
Presostato
Captadores de umbral de presión
Captadores de posición **113**
Captadores de fuga
Captadores de proximidad o réflex
Amplificadores de señal **114**
Contadores neumáticos
Elementos de mando y señal: válvulas
Representación esquemática de las válvulas **116**
Distribuidoras
Funcionamiento de la válvula 1ª **120**
Funcionamiento de la válvula 2ª:
Ejercicio **121**
Funcionamiento interior de válvulas monoestables **123**
Válvula 3/2 normalmente cerrada, accionamiento neumático retorno muelle **124**

Manual de Neumática 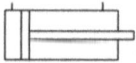 *Ing. Miguel D'Addario*

Válvula 5/2 accionamiento neumático retorno muelle **125**
Funcionamiento interior de las válvulas biestables **126**
Válvula 5/2 accionamiento y retorno neumático **127**
Válvulas de bloqueo **128**
Válvula antirretorno
Válvula "O" (OR) **129**
Válvula antirretorno con estrangulación
Válvula de escape rápido **130**
Válvula "Y" (AND) **131**
Válvulas de presión **132**
Válvulas de caudal
Válvulas de cierre **133**
Temporizadores neumáticos **134**
Temporizador con retardo de activación cerrado en posición de reposo **135**

Simbología normalizada *137*
El propósito de esta norma es **138**
Norma UNE-101 149 86 (ISO 1219 1 y ISO 1219 2) **139**
Designación de conexiones, normas básicas de representación **140**
Su representación sigue las siguientes reglas **141**
Válvulas completas **143**
Conexiones e instrumentos de medición y mantenimiento
Bombas y compresores **148**
Actuadores **149**
Válvulas direccionales **154**
Accionamientos **157**
Válvulas de bloqueo, flujo y presión **159**
Otros elementos **161**
Líneas **162**
Motor eléctrico
Motores
Bombas **163**
Compresores
Filtros
Lubricador
Filtro regulador lubricador (FLR) **164**
Acumuladores
Estanques
Válvulas (letras identificatorias)

Activadores de válvulas eléctricos **165**
Activadores de válvulas
Instrumentos y accesorios

Ejercicios *166*
Dibujar el símbolo según la descripción
Indicar el nombre del símbolo correspondiente

Análisis y diseño de circuitos neumáticos *168*
Funcionamiento de circuitos
Accionamiento de un cilindro simple efecto **169**
Accionamiento de cilindro simple efecto neumático **170**
Accionamiento de cilindro doble efecto **171**
Accionamiento de cilindro doble efecto neumático **173**
Regulación de la velocidad de avance de un cilindro **174**
Regulación de la velocidad de entrada del vástago **175**
Accionamiento de cilindro doble efecto; dejando el vástago afuera antes de que se retraiga **178**
Accionamiento de cilindro simple y doble efecto, salida simultánea **179**
Accionamiento cilindros doble efecto; salida y entrada en forma simultánea **180**

Ejercicios *181*

Enumeración de las cadenas de mando *189*
Cilindros
Válvulas principales
Válvulas secundarias
Diagramas
Diagrama Espacio - Fase
Diagrama Espacio – Fase **191**
Diagrama Espacio – Tiempo **192**
Diagrama Espacio - Tiempo **194**

Fallos comunes en neumática *195*
La bomba o el motor hacen ruido **196**
Fallos en bombas y motores
La bomba o el motor se calientan **197**
La bomba no entrega caudal o lo hace en forma deficiente

Manual de Neumática 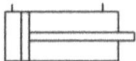 *Ing. Miguel D'Addario*

Fugas en la bomba o motor
La bomba o motor no gira **198**
Roturas de piezas internas
El motor gira más lento que el caudal que le llega
Desgaste excesivo de bombas y motores **199**
Fallas en válvulas
Válvula reguladora de presión
Regulador no regula o ajusta sólo a presión excesiva
Falta de presión
Sobrecalentamiento del sistema **200**
Válvula reguladora de Caudal
Regulador no regula el caudal
El caudal varía
Caudal inadecuado **201**
Válvula de retención
Fugas
Válvula agarrotada
Válvulas distribuidoras **202**
El distribuidor se calienta
Distribución incompleta o defectuosa
El cilindro se extiende o retrae lentamente
Fugas en la válvula **203**
Carrete o conmutador agarrotado
Fallas en filtros
Filtración inadecuada
Fallas en conectores y tuberías **204**
Vibraciones
Mala estanqueidad

Automatización de un sistema neumático *205*
    Válvula lógica selectora de circuito (válvula "O")
    Válvula de simultaneidad (válvula "Y") **207**
    Ciclo semiautomático **208**
    Ciclo automático **209**

Ejercicios *211*

Glosario de términos *217*

Bibliografía *235*

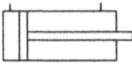

Autor

Ingeniero industrial (UNC), Técnico superior en equipos industriales, mantenimiento y gestión. E instructor de AutoCAD, 3D y modelado. Ha publicado una centena de libros, en su mayoría técnicos educativos para todos los niveles.

Sus libros están distribuidos en los cinco Continentes, son de consulta asidua en Bibliotecas del mundo, y se encuentran inscritos en los catálogos, ISBNs y bases bibliográficas Internacionales.

Son traducidos a múltiples idiomas y pueden encontrarse en los bookstores internacionales, tanto en formato papel como en versión electrónica.
Webs donde conocer y/o adquirir otras obras del autor:

http://migueldaddariobooks.blogspot.com
https://www.amazon.com/Miguel-DAddario
https://www.createspace.com/pubMiguelDAddario

Introducción

El aire comprimido es una de las formas de energía más antigua que conoce el hombre, aprovechándose de sus recursos físicos. La neumática es el conjunto de las aplicaciones técnicas (transmisión y transformación de fuerzas y movimiento) que utilizan la energía acumulada en el aire comprimido. Desde hace mucho tiempo se ha utilizado consciente o inconscientemente en distintas aplicaciones. El griego Ktesibios fue el primero que se sepa con seguridad utilizó aire comprimido como elemento de trabajo. Hace más de 2000 años construyó una catapulta de aire comprimido. Uno de los primeros libros que trató el empleo de aire comprimido como energía data del siglo I, describiendo mecanismos accionados por aire comprimido. La propia palabra procede de la expresión griega "pneuma", que se refiere a la respiración, el viento y, en filosofía, al alma. Hasta finales del siglo pasado no se comenzó a estudiar sistemáticamente su comportamiento y reglas, cuando el estudio de los gases es objeto de científicos como Torricelli, Pascal, Marlotte, Boyle, Gay Lussac, etc.

La verdadera irrupción de la neumática en la industria se dio a partir de 1950 con la introducción de la automatización en los procesos de trabajo, aunque al comienzo fue rechazada por su desconocimiento. Hoy en día no se concibe una explotación industrial sin aire comprimido. La automatización permite la eliminación total o parcial de la intervención humana. Asume pues algunas funciones intelectuales más o menos complejas de cálculo y de decisión. La "neumática convencional" es la tecnología que emplea elementos neumáticos con partes mecánicas en movimiento. La energía estática contenida en un fluido bajo presión de 3 a 10 Kg/cm^2 es transformada en energía mecánica mediante los actuadores (cilindros o motores).

La utilización de la neumática está dividida en dos clases de aplicaciones:

- Trabajos de potencia, mediante motores y cilindros neumáticos.
- Trabajos de mando, mediante válvulas distribuidoras.

Propiedades del aire comprimido

Ventajas e inconvenientes

Entre las principales ventajas del aire comprimido destacan:

- Abundante: el aire para su compresión está en cantidades ilimitadas.
- Transporte: se transporta fácilmente por tuberías sin necesitar retorno.
- Almacenable: se puede almacenar en depósitos y botellas y tomarse de éstos.
- Temperatura: no tiene peligro de explosión ni incendio, por lo que sus instalaciones son más baratas.
- Limpio: en caso de falta de estanqueidad, no produce ensuciamiento. Esto es importante por ejemplo para las industrias alimentarias, de madera, textiles, etc.
- Elementos: son simples y por lo tanto económicos con relación a otras tecnologías, además de una larga vida sin apenas averías.
- Velocidad: su desplazamiento es rápido, permitiendo velocidades de trabajo elevadas.

- Entre las principales limitaciones destacan:
- Preparación: el aire debe ser preparado antes de su utilización, limpiando las impurezas y humedad.
- Compresible: no se puede obtener en los émbolos velocidades constantes y uniformes. Esto se mejora con elementos electrónicos de control que encarecen la instalación (Neumática Proporcional).
- Fuerza: a la presión normal de trabajo (7 bares), el límite de la fuerza está entre 20000 y 30000 N (Sistema Internacional -SI-).
- Escape: el escape del aire produce ruido, necesitándose elementos insonorizantes (silenciadores).
- Costos: se compensa el coste de preparación del aire con el coste relativamente económico de los elementos y su buen rendimiento.

El aire: constantes y propiedades físicas

El aire (como todos los aeriformes) no tiene forma ni volumen, pues llena en todo momento el recipiente en que está contenido. Su volumen puede variar de forma y también de valor, pues cuando el volumen V se vuelve $V_1>V$ el fenómeno se llama de expansión, mientras que si $V_1<V$ el fenómeno se llama de compresión. Vamos a aplicar nosotros el segundo caso. La composición volumétrica del aire es aproximadamente de:

- 78% de nitrógeno
- 21% de oxígeno
- Resto de argón, helio, hidrógeno, xenón, criptón, bióxido de carbono, vapor de agua, polvo, etc.

Su densidad es de 1´293 Kg/m^3 a 0^0 C y 1 atmósfera de presión.

Concepto de presión: absoluta, relativa y atmosférica

La presión ejercida por un fluido sobre una superficie (y viceversa) es el cociente entre la fuerza y la superficie que recibe la acción:

$$P = \frac{F\ (Kg)}{S\ (cm^2)}$$

La presión atmosférica es el peso de la columna de aire comprendido entre una superficie y el límite de la atmósfera. Esto significa que varía con la altura, además de las condiciones meteorológicas. Se suele tomar como normal 1013 mbar ($\cong$ 1 bar) a nivel de mar. La presión atmosférica también se llama barométrica y la miden los barómetros.

El valor resultante de dividir toda la fuerza ejercida sobre una superficie por dicha superficie, se denomina presión absoluta. En neumática industrial se trabaja con presión relativa, es decir, la diferencia entre la presión absoluta y atmosférica, pues todos los cuerpos están sometidos a la presión atmosférica. También se llama manométrica, y se mide con el manómetro.

$$P_{relativa} = P_{absoluta} - P_{atmosférica}$$

Unidades de presión

En el Sistema Internacional Giorgi (MKS) la unidad de presión es el N/m^2, llamado Pascal (Pa). Al ser pequeño, se utiliza como múltiplo el bar.

$$Pa = N/m^2 \Rightarrow 1 \text{ bar} = 10 \text{ Pa}$$

En neumática se suele hablar de bar, atmósferas o Kg/cm^2 indistintamente, aunque no son exactamente lo mismo:

EQUIVALENCIAS	1 bar	1 atmósfera	1 Kg/cm²
1 bar	1	0'987	1'02
1 atmósfera	1'013	1	1'033
1 Kg/cm²	0'981	0'968	1

Compresibilidad del aire comprimido

Consideremos el volumen definido V de un recipiente (figura a) en el cual hay aire en las mismas condiciones que en el exterior.

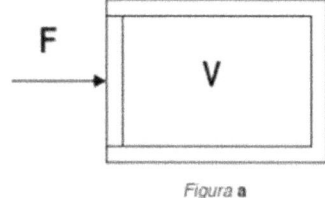
Figura a

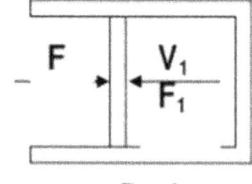
Figura b

Si aplicamos una fuerza F a una pared móvil, ésta se sitúa en otra posición reduciendo el volumen $V_1 < V$. Sobre la pared móvil se crea otra fuerza F_1 contraria c igual a F (figura b). Si cesa la fuerza F, la pared móvil retorna a su posición inicial.

Este fenómeno es debido únicamente a la compresión del aire.

La Ley de Boyle Mariotte dice que, a temperatura constante, el volumen de un gas encerrado en un recipiente es inversamente proporcional a la presión absoluta (isoterma):

$$P_1 \cdot V_1 = P_2 \cdot V_2 = Cte$$

La Ley de Gay Lussac dice que, a presión constante, el volumen de un gas varía proporcionalmente a la temperatura absoluta (isobara):

$$\frac{V_1}{T_1} = \frac{V_2}{T_2} = Cte.$$

La Ley de Charles dice que, a volumen constante, la presión absoluta de una masa de gas es directamente proporcional a la temperatura (isocora):

$$\frac{P_1}{T_1} = \frac{P_2}{T_2} = Cte.$$

Ejercicio

Un recipiente tiene un volumen $V_1 = 0,3 \text{ m}^3$ de aire a una presión de

P=2,2 bar. Calcule la presión, suponiendo que el volumen se reduce a la mitad y a la cuarta parte.

a) $P_1 * V_1 = P_2 * V_2$

2,2 bar * 0,3 m³ = P_2 * $\frac{0,3 \text{ m}^3}{2}$

$P_2 = \frac{2,2 \text{ bar} * 0,3 \text{ m}^3 * 2}{0,3 \text{ m}^3}$ = **4,4 bar**

b) $P_1 * V_1 = P_2 * V_2$

2,2 bar * 0,3 m³ = P_2 * $\frac{0,3 \text{ m}^3}{4}$

$P_2 = \frac{2,2 \text{ bar} * 0,3 \text{ m}^3 * 4}{0,3 \text{ m}^3}$ = **8,8 bar**

Manual de Neumática 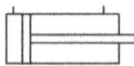 *Ing. Miguel D'Addario*

Problema

Un recipiente que contiene un volumen $V_1 = 2\ m^3$ de aire a una presión de 300000 Pa se ha reducido en un 20%, permaneciendo constante su temperatura.
Calcule en bar cuánto ha aumentado la presión.
Combinando las ecuaciones anteriores, se obtiene la ecuación de los gases perfectos, útil para el cálculo de instalaciones neumáticas en que hay que tener en cuenta variaciones de temperatura:

$$P_1 * V_1 = P_2 * V_2$$

$V_2 = 80\%$ de $V_1 = 0.8 * 2\ m^3 = 1,6\ m^3$

$300000\ Pa * 2\ m^3 = P_2 * 1,6\ m^3$

$P_2 = \dfrac{300000\ Pa * 2\ m^3}{1,6\ m^3} = 375000\ Pa$

$P_2 = 3,75\ bar$

Problema

Un recipiente tiene un volumen $V_1 = 0,92\ m^3$, se encuentra a una temperatura de 32°C y una presión $P_1 = 3$ atm. Calcule el volumen cuando la temperatura es de 40°C, sabiendo que su presión sigue siendo de 3 atm.

$$\frac{V_2}{V_1} = \frac{T_2}{T_1}$$

$$\frac{V_2}{0,92 \text{ m}^3} = \frac{40°C}{32°C}$$

$$V_2 = \frac{40°C * 0,92 \text{ m}^3}{32°C}$$

$$V_2 = 1,15 \text{ m}^3$$

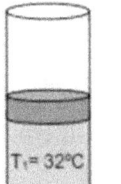

Generalidades

La neumática (del griego πνεῦμα [pneuma], 'aire') es la tecnología que emplea el aire comprimido como modo de transmisión de la energía necesaria para mover y hacer funcionar mecanismos. El aire es un material elástico y, por tanto, al aplicarle una fuerza se comprime, mantiene esta compresión y devuelve la energía acumulada cuando se le permite expandirse, según dicta la ley de los gases ideales.

Mandos neumáticos

Los mandos neumáticos están constituidos por elementos de señalización, elementos de mando y un aporte de trabajo. Los elementos de señalización y mando modulan las fases de trabajo de los elementos de trabajo y se denominan válvulas.

Los sistemas neumáticos e hidráulicos están constituidos por:
Elementos de información.
Elementos de trabajo.
Elementos artísticos.

Para el tratamiento de la información de mando es preciso emplear aparatos que controlen y dirijan el fluido de forma preestablecida, lo que obliga a disponer de una serie de elementos que efectúen las funciones deseadas relativas al control y dirección del flujo del aire comprimido.

En los principios de la automatización, los elementos rediseñados se mandan manual o mecánicamente. Cuando por necesidades de trabajo se precisaba efectuar el mando a distancia, se utilizan elementos de comando por símbolo neumático.

Actualmente, además de los mandos manuales para la actuación de estos elementos, se emplean para el comando de procedimientos servo-neumáticos, electro-neumáticos y automáticos que efectúan en su totalidad el tratamiento de la información y de la amplificación de señales.

La gran evolución de la neumática ha hecho, a su vez, evolucionar los procesos para el tratamiento y amplificación de señales, y por tanto, hoy en día se dispone de una gama muy extensa de válvulas y distribuidores que nos permiten elegir el sistema que mejor se adapte a las necesidades.

Hay veces que el comando se realiza manualmente, y otras nos obliga a recurrir a la electricidad (para automatizar) por razones diversas, sobre todo cuando las distancias son importantes y no existen circunstancias adversas.

Las válvulas en términos generales, tienen las siguientes misiones:
Distribuir el fluido
Regular caudal
Regular presión

Las válvulas son elementos que mandan o regulan la puesta en marcha, el paro y la dirección, así como la presión o el caudal del fluido enviado por el compresor o almacenado en un depósito.

Ésta es la definición de la norma DIN/ISO 1219 conforme a una recomendación del CETOP (Comité Européen des Transmissions Oléohydrauliques et Pneumatiques).

Según su función las válvulas se subdividen en 5 grupos:

Válvulas de vías o distribuidoras

Válvulas de bloqueo

Válvulas de presión

Válvulas de caudal

Válvulas de cierre

Ventajas de la Neumática

El aire es de fácil captación y abunda en la tierra

El aire no posee propiedades explosivas, por lo que no existen riesgos de chispas.

Los actuadores pueden trabajar a velocidades razonablemente altas y fácilmente regulables

El trabajo con aire no daña los componentes de un circuito por efecto de golpes de ariete.

Las sobrecargas no constituyen situaciones peligrosas o que dañen los equipos en forma permanente.

Los cambios de temperatura no afectan en forma significativa.

Energía limpia

Cambios instantáneos de sentido

Desventajas de la neumática

En circuitos muy extensos se producen pérdidas de cargas considerables.

Requiere de instalaciones especiales para recuperar el aire previamente empleado.

Las presiones a las que trabajan normalmente, no permiten aplicar grandes fuerzas.

Altos niveles de ruido generado por la descarga del aire hacia la atmósfera.

Comparación con otros medios
Circuito neumático

Tanto la lógica neumática como la realización de acciones con neumática tienen ventajas y desventajas sobre otros métodos (hidráulica, eléctrica, electrónica). Algunos criterios a seguir para tomar una elección son:

El medio ambiente. Si el medio es inflamable no se recomienda el empleo de equipos eléctricos y tanto la neumática como la hidráulica son una buena opción.

La precisión requerida. La lógica neumática es de todo o nada, por lo que el control es limitado. Si la aplicación requiere gran precisión son mejores otras alternativas electrónicas.

Por otro lado, hay que considerar algunos aspectos particulares de la neumática:

Requiere una fuente de aire comprimido, por lo que se ha de emplear un compresor.

Es una aplicación que no contamina por si misma al medio ambiente.

Al ser un fluido compresible absorbe parte de la energía, mucha más que la hidráulica.

La energía neumática se puede almacenar, pudiendo emplearse en caso de fallo eléctrico.

Circuitos neumáticos

-Circuito de anillo cerrado: Aquel cuyo final de circuito vuelve al origen evitando brincos por fluctuaciones y ofrecen mayor velocidad de recuperación ante las fugas, ya que el flujo llega por dos lados.

-Circuito de anillo abierto: Aquel cuya distribución se forma por ramificaciones las cuales no retornan al origen, es más económica esta instalación pero hace trabajar más a los compresores cuando hay mucha demanda o fugas en el sistema.

Estos circuitos a su vez se pueden dividir en cuatro tipos de sub-sistemas neumáticos:

Sistema manual

Sistemas semiautomáticos

Sistemas automáticos

Sistemas lógicos

Método de paso a paso

El método paso a paso es una técnica para diseño de circuitos neumáticos, el cual está basado en que para activar un grupo es necesario desactivar el grupo anterior, generando así una secuencia.

Este método es más utilizado que el método de cascada, ya que cuando hay más de dos válvulas en cascada, surgen pérdidas de presión.

Dichas pérdidas de presión se corrigen con el método paso a paso.

Se necesita que haya tres o más grupos para que funcione, aunque se puede realizar el método con dos grupos pero se debe de agregar un grupo adicional para poder seguir con la secuencia.

Los siguientes pasos llevan a diseñar un circuito neumático de paso a paso:

Establecer la secuencia o sucesión de movimientos a realizar.

Separar la secuencia en grupos.

Designar cada grupo con siglas romanas.

Hacer la esquematización del circuito, colocando los actuadores en la posición inicial deseada.

Cada actuador estará controlado por una válvula 4/2 o 5/2 de accionamiento neumático biestable.

Debajo de las válvulas de distribución, se ponen tantas líneas de presión como grupos tenga el sistema, enumerándolas con números romanos

Debajo de las líneas de presión se ponen memorias (válvulas 3/2), tantas como grupos tenga el sistema. Todas las memorias comenzarán normalmente cerradas, a excepción de la válvula colocada hasta la derecha que estará normalmente abierta.

Las memorias van conectándose a las salidas de presión, tomando la salida única de la primera memoria y se conecta a la línea de presión I, la segunda memoria a la línea a presión II y así sucesivamente. La última memoria que es la normalmente abierta, se conectara a la última línea de presión.

Cada memoria (excepto la de la derecha), será pilotada por la izquierda por la línea de presión o grupo anterior al que está conectada su salida.

Cada memoria (excepto la de la derecha), será pilotada por la derecha por la línea de presión o grupo que debe de desactivarla.

La válvula de la derecha será pilotada al revés, esto quiere decir que para pilotarla por la izquierda, se debe de conectar el grupo o línea que la desactiva y para pilotarla por la derecha, se conecta el grupo o línea anterior al que esté conectada su salida.

Cada válvula distribuidora (4/2 o 5/2) estará pilotada por la línea de presión correspondiente a su grupo.

El primer grupo sólo necesita estar conectado a su línea de presión correspondiente, pero los demás grupos además de ser conectados a su línea de presión correspondiente, deben de ser conectados a la señal del grupo anterior para indicar que el movimiento del grupo anterior ha finalizado.

El primer movimiento de la secuencia se alimentará de la primera línea de presión y tendrá en serie el pulsador de marcha.

Si se repite un movimiento en la secuencia, deberá utilizarse válvulas de simultaneidad (AND) antes de la distribuidora correspondiente.

Hacer el método paso a paso con dos grupos genera un problema de entrampamiento.

Ya que un grupo tendría que ser activado y desactivado por sí mismo, lo cual no es posible.

Para solucionar el problema se dan dos opciones:

Utilizar el método de cascada

Crear un grupo que no realice nada, para tener los tres grupos necesarios para que funcione el método.

-Grupo I: es generado por el grupo III sin final de carrera y será desactivado por el grupo II.

-Grupo II: es generado por el grupo I y será desactivado por el grupo III.

-Grupo III: es generado por el grupo II y desactivado por el grupo I.

Nota: Al seguir este cambio ya se puede trabajar normalmente con los pasos dados para la realización del método paso a paso por tres grupos o más.

Compresor

Un compresor es una máquina de fluido que está construida para aumentar la presión y desplazar cierto tipo de fluidos llamados compresibles, tales como gases y vapores. Esto se realiza a través de un intercambio de energía entre la máquina y el fluido, en el cual el trabajo ejercido por el compresor es transferido a la sustancia que pasa por él convirtiéndose en energía de flujo, aumentando su presión y energía cinética impulsándola a fluir.

Al igual que las bombas, los compresores también desplazan fluidos, pero a diferencia de las primeras que son máquinas hidráulicas, éstos son máquinas térmicas, ya que su fluido de trabajo es compresible, sufre un cambio apreciable de densidad y, generalmente, también de temperatura; a diferencia de los ventiladores y los sopladores, los cuales impulsan fluidos, pero no aumentan su presión, densidad o temperatura de manera considerable.

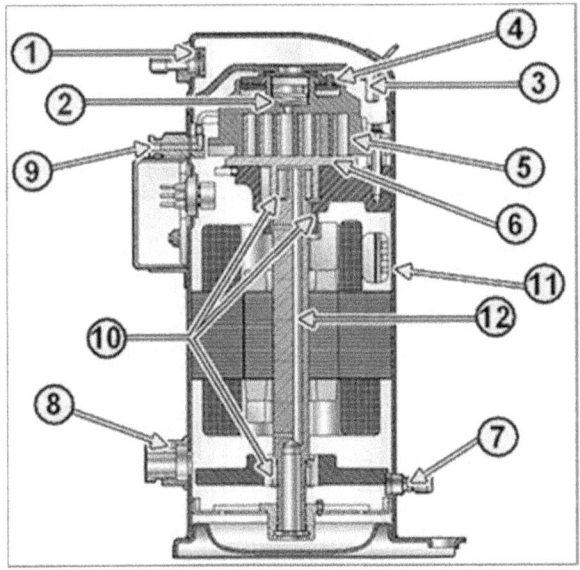

1. Válvula Anti-Retorno
2. Válvula Dinámica de Descarga
3. Válvula de Alivio
4. Sello Flotante
5. Espiral Fija
6. Espiral Móvil
7. Válvula de Servicio de Aceite
8. Visor de Aceite
9. Inyección de Líquido
10. Bujes DU
11. Protector Térmico Interno
12. Lubricación
13. Filtro de Mallas
14. Trampa Magnética
15. Sensor de Temperatura
16. Protección Interna del Motor

Historia

Los antiguos herreros solían soplar para intensificar su fuego y de esta forma facilitaban forjar el hierro, y aunque no se consideren el primer antecedente a los compresores atmosféricos actuales, se puede decir que sí lo fueron.

Los gritos y rugidos inhalaban aire en su expansión, luego se exhala mediante una pequeña apertura al final, logrando controlar la cantidad de oxígeno a una locación específica. Con el tiempo se mejoró la forma de soplado, de modo que los griegos y romanos utilizaban fuelles para la forja de hierro y se sabe de diversos mecanismos hidráulicos y de fuelle para accionar órganos musicales.

Durante el siglo diecisiete, el ingeniero físico alemán Otto von Guericke experimentó y mejoró los compresores atmosféricos. En 1650, Guericke inventó la primera bomba de oxígeno, la cual podía producir un vacío parcial y él mismo usó esto para estudiar el fenómeno del vacío y el papel del oxígeno en la combustión y la respiración. En 1829, la primera fase o componente del compresor atmosférico fue patentada. Dicho componente comprimía oxígeno en cilindros sucesivos.

Para 1872, la eficiencia del compresor fue mejorada mediante el enfriamiento de los cilindros por motores de agua, que causó a su vez la invención de cilindros de agua.

Uno de los primeros usos modernos de los compresores atmosféricos fue gracias a los buzos de mares profundos, quienes necesitaban un suministro de la superficie para sobrevivir. Los buzos que emplearon compresores atmosféricos tuvieron lugar en 1943. Los primeros mineros utilizaron motores de vapor para producir suficiente presión para operar sus taladros, incluso cuando dicho dispositivos probaban ser extremadamente peligrosos para los mineros.

Con la invención del motor de combustión interna, se creó un diseño totalmente nuevo para los compresores atmosféricos. En 1960 los lava-autos de auto-servicios, alta-presión y "hazlo tú mismo" se hicieron populares gracias a los compresores atmosféricos. Los compresores atmosféricos se pueden conseguir en su presentación eléctrica o de gasolina, siendo más accesibles para consumidores hogareños.

Un émbolo bombea oxígeno comprimido dentro de un tanque a cierta presión, donde se mantiene hasta que es requerido para ciertas acciones tales como hinchar llantas o apoyar el empleo de herramientas neumáticas.

El oxígeno comprimido es una herramienta sumamente importante y hoy en día su eficiencia, la contaminación y su accesibilidad le dan la popularidad que tienen en el mercado.

Utilización

Los compresores son ampliamente utilizados en la actualidad en campos de la ingeniería y hacen posible nuestro modo de vida por razones como:

-Son una parte importante de muchos sistemas de refrigeración y se encuentran en cada refrigerador casero.

-Se encuentran en sistemas de generación de energía eléctrica, tal como lo es el Ciclo Brayton.

-Se encuentran en el interior de muchos motores de avión, como lo son los turborreactores, y hacen posible su funcionamiento.

-Se pueden comprimir gases para la red de alimentación de sistemas neumáticos.

Tipos de compresores

Clasificación según el método de intercambio de energía

Hay diferentes tipos de compresores atmosféricos, pero todos realizan el mismo trabajo: toman aire de la atmósfera, lo comprimen para realizar un trabajo y lo regresan para ser reutilizado.

-El compresor de desplazamiento positivo: Las dimensiones son fijas. Por cada movimiento del eje de un extremo al otro tenemos la misma reducción en volumen y el correspondiente aumento de presión (y temperatura). Normalmente son utilizados para altas presiones o poco volumen. Por ejemplo el inflador de la bicicleta. También existen compresores dinámicos. El más simple es un ventilador que usamos para aumentar la velocidad del aire a nuestro entorno y refrescarnos. Se utiliza cuando se requiere mucho volumen de aire a baja presión.

-El compresor de émbolo: Es un compresor atmosférico simple. Un vástago impulsado por un motor (eléctrico, diésel, neumático, etc.) es impulsado para levantar y bajar el émbolo dentro de una cámara. En cada movimiento hacia abajo del émbolo, el aire es introducido a la cámara mediante una válvula. En cada movimiento hacia arriba del émbolo, se comprime el aire y otra válvula es abierta para evacuar dichas moléculas de aire comprimidas; durante este movimiento la primera válvula mencionada se cierra.

El aire comprimido se lleva a un depósito de reserva.

Este depósito permite el transporte del aire mediante distintas mangueras.

La mayoría de los compresores atmosféricos de uso doméstico son de este tipo.

Cabezal para compresor de pistón

-El compresor de pistón: Es en esencia una máquina con un mecanismo pistón-biela-cigüeñal. Todos los compresores se accionan por alguna fuente de movimiento externa. Lo común es que estas fuentes de movimiento sean motores, tanto de combustión como eléctricos. En la industria se mueven compresores accionados por máquinas de vapor o turbinas. En este caso, cuando el cigüeñal gira, el pistón desciende y crea vacío en la cámara superior, este vacío actúa sobre la válvula de admisión (izquierda), se vence la fuerza ejercida por un resorte que la mantiene apretada a su asiento, y se abre el paso del aire desde el exterior para llenar el cilindro. El propio vacío, mantiene cerrada la válvula de salida (derecha).

Durante la carrera de descenso, todo el cilindro se llena de aire a una presión cercana a la presión exterior. Luego, cuando el pistón comienza a subir, la válvula de admisión se cierra, la presión interior comienza a subir y esta vence la fuerza del muelle de recuperación de la válvula de escape o salida (esquema lado derecho), con lo que el aire es obligado a salir del cilindro a una presión algo superior a la que existe en el conducto de salida. Obsérvese que el cuerpo del cilindro está dotado de aletas, estas aletas, aumentan la superficie de disipación de calor para mejorar la transferencia del calor generado durante la compresión al exterior.

Excepto en casos especiales, en el cuerpo del compresor hay aceite para lubricar las partes en rozamiento, así como aumentar el sellaje de los anillos del pistón con el cilindro. Este aceite no existe en los compresores de tipo médico, usado en la respiración asistida, debido a que siempre el aire de salida contiene cierta cantidad de él o sus vapores.

Los compresores de doble etapa, trabajan con el mismo sistema simple de pistón-biela-cigüeñal, con la diferencia que aquí trabajan dos pistones, uno de alta y otro de baja presión. Cuando el pistón de alta presión (derecha) expulsa el aire, lo manda a otro cilindro de menor volumen. Al volver a recomprimir el aire, alcanzamos presiones más elevadas.

-El compresor de tornillo: Aún más simple que el compresor de émbolo, el compresor de tornillo también es impulsado por motores (eléctricos, diésel, neumáticos, etc.). La diferencia principal radica que el compresor de tornillo utiliza dos tornillos largos para comprimir el aire dentro de una cámara larga. Para evitar el daño de los mismos tornillos, aceite es insertado para mantener todo el sistema lubricado. El aceite es mezclado con el aire en la entrada de la cámara y es transportado al espacio entre los dos tornillos rotatorios. Al salir de la cámara, el aire y el aceite pasan a través de un largo separador de aceite donde el aire ya pasa listo a través de un pequeño orificio filtrador. El aceite es enfriado y reutilizado mientras que el aire va al tanque de reserva para ser utilizado en su trabajo.

-Sistema pendular Taurozzi: consiste en un pistón que se balancea sobre un eje generando un movimiento pendular exento de rozamientos con las paredes internas del cilindro, que permite trabajar sin lubricante y alcanzar temperaturas de mezcla mucho mayores.

-Alternativos o reciprocantes: utilizan pistones (sistema bloque-cilindro-émbolo como los motores de combustión interna). Abren y cierran válvulas que con el movimiento del pistón aspira/comprime el gas. Es el compresor más utilizado en potencias pequeñas. Pueden ser del tipo herméticos, semiherméticos o abiertos. Los de uso doméstico son herméticos, y no pueden ser intervenidos para repararlos. Los de mayor capacidad son semiherméticos o abiertos, que se pueden desarmar y reparar.

-Rotativo de paletas: en los compresores de paletas la compresión se produce por la disminución del volumen resultante entre la carcasa y el elemento rotativo cuyo eje no coincide con el eje de la carcasa (ambos ejes son excéntricos). En estos compresores, el rotor es un cilindro hueco con estrías radiales en las que las palas (1 o varias) comprimen y ajustan sus extremos libres interior del cuerpo del compresor, comprimiendo así el volumen atrapado y aumentando la presión total.

-Rotativo-helicoidal (tornillo, screw): la compresión del gas se hace de manera continua, haciéndolo pasar a través de dos tornillos giratorios. Son de mayor rendimiento y con una regulación de potencia sencilla, pero su mayor complejidad mecánica y costo hace que se emplee principalmente en elevadas potencias, solamente.

-Rotodinámicos o turbomáquinas: utilizan un rodete con palas o álabes para impulsar y comprimir al fluido de trabajo. A su vez éstos se clasifican en axiales y centrífugos.

-Compresión Isotérmica Reversible para gases ideales

Esta forma de compresión es una secuencia de infinitas etapas, o estados, de equilibrio que se conoce como movimiento cuasi-estático, en los que siempre se cumple que la presión que ejerce el gas sobre las paredes del recipiente es igual a la presión que ejerce el pistón sobre el gas.

Principios de la neumática

Definición de fluidos

Es aquella sustancia que por efecto de su poca cohesión intermolecular, no posee forma propia y adopta la forma del envase que lo contiene. Los fluidos pueden clasificarse en gases y líquidos.

Gases

El aire que se emplea en las instalaciones neumáticas tiene una composición por unidad de volumen de 78% de nitrógeno, 20% de oxígeno, 1,3% de gases nobles (helio, neón, argón, etc.) y en menores proporciones anhídrido carbónico, vapor de agua y partículas sólidas. La densidad de este aire es de 1,293 Kg/m aproximadamente. Sin embargo este aire sigue una serie de leyes y tiene propiedades muy interesantes para las aplicaciones neumáticas.

El aire como todos los gases, es capaz de reducir su volumen cuando se le aplica una fuerza externa. Otro fenómeno en los gases es que al introducirlos en un recipiente elástico, tienden a repartirse por igual en el interior del mismo, ya que en todos los puntos presentan igual resistencia ante una acción exterior tendiente a disminuir su volumen.

También es común a todos los gases su reducida viscosidad, que es lo que le permite a éstos fluir por las conducciones; así mismo los gases presentan variaciones de la densidad al variar la temperatura, debido a que su masa permanece constante al calentarlos, pero su volumen varía mucho.

Fuerza

Es una acción que permite modificar el estado de movimiento o de reposo de un cuerpo.

Unidades: Sistema Internacional: Newton (N)
　　　　　Sistema Técnico: Kgf
　　　　　Sistema Inglés: lbf

Equivalencias: 1 N = 1 Kg * m/s^2
　　　　　　　1 N = 0,22481 lbf

1 N equivale a la fuerza que proporciona un cuerpo de 1 Kg de masa a una aceleración de 1 m/s^2.

Masa

Es una de las propiedades intrínsecas de la materia, se dice que esta mide la resistencia de un cuerpo a cambiar su movimiento (desplazamiento o reposo) es decir; su inercia.

La masa es independiente al medio que rodea el cuerpo.

En palabras muy sencillas se puede expresar como la cantidad de materia que forma un cuerpo.

Unidades: Sistema Internacional: Kilogramo (Kg)
 Sistema Inglés: Libra (lb)

Equivalencias: 1 Kg = 2,2046 lb

Volumen

Se dice de forma simple; que el volumen representa el espacio que ocupa un cuerpo, en un ejemplo se podría simplificar diciendo que un cuerpo de dimensiones 1 metro de alto, 1 metro de ancho y 1 metro de espesor tendrá en consecuencia $1m^3$ de volumen.

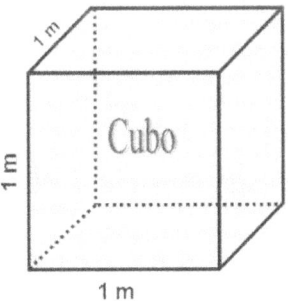

Volumen = 1m x 1 m x 1m = 1 m³ (un metro cúbico)

Equivalencias: $1m^3 = 35,315$ ft

1 litro = 10^{-3} m³

1 galón = $3,7854 \times 10^{-3}$ m³

1 litro = 0,2642 galones

Presión

La presión se define como la distribución de una fuerza en una superficie o área determinada.

$$P = \frac{F}{A}$$

Unidades: Sistema Internacional: N/m^2 ⇨ Pascal (Pa)

Sistema Técnico: Kg/cm^2

Sistema Inglés: $lb/pulg^2$ ⇨ PSI

Equivalencias: 1 bar = 10^5 Pa

1 bar = 14,5 lb/pulg²
1 bar = 1,02 Kg/cm²
Presión atmosférica
1,013 bar = 1,033 Kg/cm² = 14,7 PSI = 1atm = 760 mm Hg

Presión por fuerzas externas
Se produce al actuar una fuerza externa sobre un líquido confinado. La presión se distribuye uniformemente en todos los sentidos y es igual en todos lados. Esto ocurre despreciando la presión que genera el propio peso del líquido (hidrostática), que en teoría debe adicionarse en función de la altura, sin embargo se desprecia puesto que los valores de presión con que se trabaja en hidráulica son muy superiores.

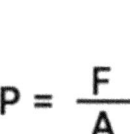
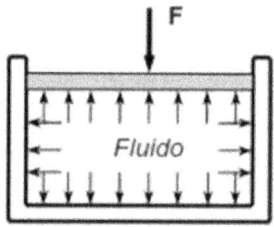

Se distinguen además dos presiones dependiendo de si se considera o no la presión atmosférica; estas son:

Presión absoluta

Esta es considerando la presión atmosférica

$$P_{absoluta} = P_{atmósferica} + P_{relativa}$$

Presión relativa o manométrica

Presión interna de un sistema propiamente tal, es decir, la presión que indica el manómetro del sistema.

Presión de vacío

Se considera como presión de vacío, a aquellas presiones negativas, que son las que se pueden leer en el vacuómetro.

Peso específico

El peso específico de un fluido, corresponde al peso por unidad de volumen. El peso específico está en función de la temperatura y de la presión.

$$\gamma = \frac{W}{V} \qquad \gamma = \rho * g$$

Donde:
- γ = Peso específico
- W = Peso (p = m * g)
- V = Volumen del fluido
- ρ = Densidad

Densidad relativa

Es la relación entre la masa de un cuerpo a la masa de un mismo volumen de agua a la presión atmosférica y a una temperatura de 4°C. Esta relación equivale a la de los pesos específicos del cuerpo en estudio y del agua en iguales condiciones.

$$S = \frac{\rho_s}{\rho_{Agua}} \qquad S = \frac{\gamma_s}{\gamma_{Agua}}$$

Ejemplo: $S_{agua} = \frac{1000 \text{ kg/m}^3}{1000 \text{ kg/m}^3}$

$$S_{agua} = 1$$

Fluido	T°C	Densidad Relativa
Agua dulce	4	1
Agua de mar	4	1,02 – 1,03
Petróleo bruto ligero	15	0,86 – 0,88
Kerosene	15	0,79 – 0,82
Aceite Lubricante	15	0,89 – 0,92
Glicerina	0	1,26
Mercurio	0	13,6

Temperatura

Al tocar un objeto, utilizamos nuestro sentido térmico para atribuirle una propiedad denominada temperatura, que determina si sentimos calor o frío.

Observamos también que los cambios de temperatura en los objetos van acompañados por otros cambios físicos que se pueden medir cuantitativamente, por ejemplo

- Un cambio de longitud o de volumen
- Un cambio de presión
- Un cambio de resistencia eléctrica
- Un cambio de color
- Etc.

Todos estos cambios de las propiedades físicas, debidos a las temperaturas se usan para medir temperatura.

En la práctica y para temperaturas usuales, se utiliza el cambio de volumen del mercurio en un tubo de vidrio. Se marca 0°C en el punto de fusión del hielo o punto de congelamiento del agua y 100°C en el punto de ebullición del agua a presión atmosférica. La distancia entre estos dos puntos se divide en 100 partes iguales, la escala así definida se llama Escala Centígrada o Escala Celsius.

En la escala Fahrenheit 0°C y 100°C corresponden a 32°F y 212°F respectivamente.

En la escala Kelvin, se empieza desde 0 (cero) absoluto y a 0°C y 100°C le corresponde 273°K y 373°K respectivamente.

Viscosidad

Es la resistencia que opone un fluido al movimiento o a escurrir.

Esta propiedad física está relacionada en forma directa con la temperatura.

Si la temperatura aumenta, la viscosidad de un fluido líquido disminuye y al revés, si la temperatura disminuye la viscosidad aumenta.

Viscosidad dinámica o absoluta

Entre las moléculas de un fluido se presentan fuerzas que mantienen unido al líquido, denominadas de cohesión. Al desplazarse o moverse las moléculas con respecto a otras, entonces se produce fricción. El coeficiente de fricción interna de un fluido se denomina viscosidad y se designa con la letra griega μ.

Unidades: Kg .s / m²

Viscosidad Cinemática

Corresponde a la relación que existe entre la viscosidad dinámica μ y la densidad ρ.

$$\delta = \frac{\mu}{\rho}$$

Unidades: m²/s

Trabajo

Se puede definir como la aplicación de una fuerza para causar el movimiento de un cuerpo a través de una distancia o en otras palabras es el efecto de una fuerza sobre un cuerpo que se refleja en el movimiento de éste.

$$Tr = F * d$$

Donde:
    Tr = Trabajo
    F = Fuerza
    d = Distancia

Unidades: Sistema Internacional: N. m ⇨ Joule (J)

Sistema Técnico: Kg. m
Sistema Inglés: lb/pie

Potencia

Todo trabajo se realiza durante un cierto tiempo finito. La potencia es el tiempo con la que el trabajo es realizado.

$$Pot = \frac{F * d}{t} \qquad Pot = \frac{Tr}{t}$$

Unidades: Sistema Internacional: J/s ⇨ Watt (W)
Sistema Técnico: Kg * m / s
Sistema Inglés: lb/pie / s
Equivalencias: 1 HP = 76 Kg. m / s
1 CV = 75 Kg. m / s
1 HP = 745 Watt
1 CV = 736 Watt

Caudal

Se define como el volumen de fluido que atraviesa una determinada sección transversal de un conducto por unidad de tiempo.

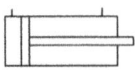

$$Q = \frac{V}{t}$$

Donde:
- Q = Caudal
- V = Volumen
- t = Tiempo

Unidades: lt/min

m^3/h

Gal/min

Equivalencias: 1 litro = 0,2642 galones

Ecuación de estado

El estado de un sistema queda definido por el conjunto de valores que adquieren aquellas propiedades del sistema que pueden variar; por ejemplo, el estado de un automóvil se define (entre otras) por su posición geográfica, velocidad, aceleración, potencia del motor, cantidad de combustible en el estanque, número de ocupantes, masa de la carga, etc. Para un sistema complejo como el anterior, existirá una gran cantidad de variables de estado. Por otro lado, sistemas más simples tendrán por consiguiente mucho menos variables de estado.

Ecuación de estado de gases ideales

Las hipótesis básicas para modelar el comportamiento del gas ideal son:

-El gas está compuesto por una cantidad muy grande de moléculas, que además tienen energía cinética.

-No existen fuerzas de atracción entre las moléculas, esto porque se encuentran relativamente alejados entre sí.

-Los choques entre moléculas y las paredes del recipiente son perfectamente elásticos.

De lo recién señalado, la más elemental de las hipótesis es que no existen fuerzas intermoleculares; por lo tanto, se está en presencia de una sustancia simple y pura.

La forma normal de la ecuación de estado de un gas ideal es:

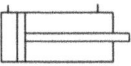

$$p * v = R * T$$

Con R= 8,314 [J/ mol °K]

Donde:
- p = Presión (Pascal = 1 N/m²)
- v = Volumen específico (m³/mol)
- R = Constante universal de los gases ideales
- T = Temperatura (°K)

La misma ecuación se puede expresar en forma alternativa como:

$$p * V = n * R * T$$

Donde:
- V = Volumen total del sistema (m³)
- n = Número de moles en el sistema

Ley de Boyle Mariotte

Esta establece que si la temperatura y el número de moles de una muestra de gas permanecen constantes, entonces el volumen de esta muestra será inversamente proporcional a la presión ejercida sobre él.

Esto es:

$$P_1 * V_1 = P_2 * V_2$$

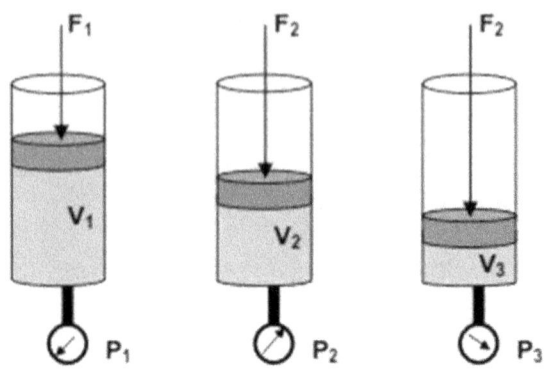

Proceso a temperatura constante

Ley de Gay - Lussac

A presión constante, el volumen ocupado por una determinada masa de gas es directamente proporcional a su temperatura absoluta. En términos matemáticos, podemos expresarla como:

$$\frac{V_2}{V_1} = \frac{T_2}{T_1}$$

Principio de pascal

La ley de Pascal, enunciada en palabras simples indica que: "Si un fluido confinado se le aplican fuerzas externas, la presión generada se transmite íntegramente hacia todas las direcciones y sentidos y ejerce además fuerzas iguales sobre áreas iguales, actuando estas fuerzas normalmente en las paredes del recipiente". En los primeros años de la Revolución Industrial, un mecánico de origen británico llamado Joseph Bramah, utilizó el descubrimiento de Pascal y por ende el llamado Principio de Pascal para fabricar una prensa hidráulica. Bramah pensó que si una pequeña fuerza, actuaba sobre un área pequeña, ésta crearía una fuerza proporcionalmente más grande sobre una superficie mayor, el único límite a la fuerza que puede ejercer una máquina, es el área a la cual se aplica la presión.

Problema

¿Qué fuerza F1 se requiere para mover una carga K de 10.000 kg?

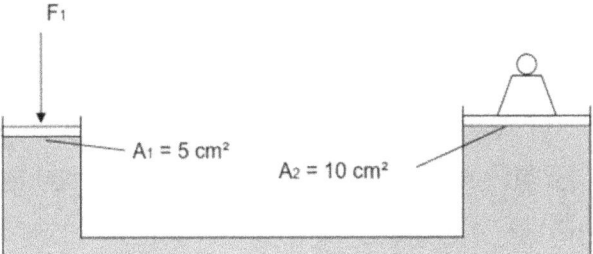

Manual de Neumática 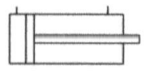 *Ing. Miguel D'Addario*

Como:

$$p = \frac{F}{A}$$

$A_2 = 10 \text{ cm}^2$
$K = 10.000 \text{ kgf}$

$p_2 = \frac{10.000 \text{ kgf}}{10 \text{ cm}^2}$ => $p_2 = 1.000 \text{ kgf/cm}^2$

Como en un circuito cerrado, de acuerdo al principio de Pascal, la presión es igual en todas direcciones normales a las superficies de medición, se puede decir que la presión aplicada al área 2 es igual que la aplicada al área 1.

$p_1 = p_2$

$F = p \times A$

$F_1 = 1.000 \text{ kgf/cm}^2 \times 5 \text{ cm}^2$ => $F_1 = 5.000 \text{ kgf}$

De esto se concluye que el área es inversamente proporcional a la presión y directamente proporcional a la fuerza. Para el ejemplo se tiene que el equilibrio se logra aplicando una fuerza menor que el peso ya que el área es menor que la que soporta el peso. Un claro ejemplo de esto son las grúas neumáticas.

Principio de continuidad

La ley de continuidad está referida a líquidos, que como ya se sabe, son incompresibles, y por lo tanto poseen una densidad constante, esto implica que si por un conducto que posee variadas secciones, circula en forma continua un líquido, por cada tramo de conducción o por cada sección pasarán los mismos volúmenes por unidad de tiempo, es decir el caudal se mantendrá constante; entendiendo por caudal la cantidad de líquido que circula en un tiempo determinado. (Q= V/t).

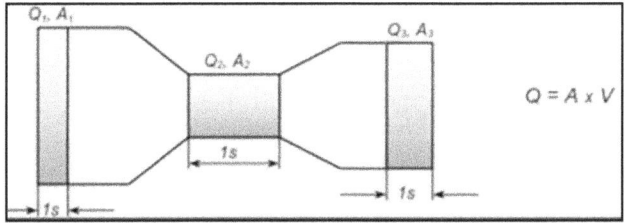

$A_1 \times v_1 = A_2 \times v_2 = A_3 \times v$ = Constante; ésta representa la expresión matemática de la

Ley o principio de continuidad: las velocidades y las secciones o áreas son inversamente proporcionales entre sí. Como habitualmente las secciones son circulares, podemos traducir la expresión:

$$(\pi \times r_1^2) \times v_1 = (\pi \times r_2^2) \times v_2$$

Problema

Si se tiene que una bomba de una hidrolavadora entrega a una manguera de 5 cm de diámetro un caudal tal que la velocidad del flujo es de 76,3 m/min, al llegar a la boquilla de salida sufre una reducción brusca a 1 mm de diámetro. ¿Cuál es la velocidad de salida del agua? Usando la ecuación anterior, se tiene:

$$V_2 = \frac{(\pi \times r_1^2) \times V_1}{(\pi \times r_2^2)}$$

$$V_2 = (\pi \times 2,5^2 \text{ cm}^2) \times 76,3 \text{ m/min}$$

$$V_2 = 190.750,0 \text{ m/min}$$

Ecuación de la energía (Teorema de Bernoulli)

El fluido, en un sistema que trabaja contiene energía bajo tres formas:

-Energía potencial: que depende de la altura de la columna sobre el nivel de referencia y por ende de la masa del líquido.

-Energía hidrostática: debida a la presión.

-Energía cinética: o hidrodinámica debida a la velocidad.

El principio de Bernoulli establece que la suma de estas tres energías debe ser constante en los distintos puntos del sistema, esto implica por ejemplo, que si el diámetro de la tubería varía, entonces la velocidad del líquido cambia. Así pues, la energía cinética aumenta o disminuye; como ya es sabido, la energía no puede crearse ni destruirse, en consecuencia esta variación de energía cinética será compensada por un aumento o disminución de la energía de presión. Lo antes mencionado, se encuentra resumido en la siguiente ecuación:

$$h + \frac{P}{\gamma} + \frac{v^2}{2g} = \text{Constante}$$

Donde:

- h = Altura
- P = Presión
- γ = Peso específico del líquido
- v = Velocidad
- g = Aceleración gravitatoria
- h = Energía potencial
- P/γ = Energía de presión
- $v^2/2g$ = Energía cinética o de velocidad

Por lo tanto si se consideran dos puntos de un sistema, la sumatoria de energía debe ser constante en condiciones ideales; así se tiene que:

$$h_1 + \frac{P_1}{\gamma} + \frac{v_1^2}{2g} = h_2 + \frac{P_2}{\gamma} + \frac{v_2^2}{2g}$$

En tuberías horizontales, se considera h1 = h2; por lo tanto:

$$\cancel{h_1}^0 + \frac{P_1}{\gamma} + \frac{v_1^2}{2g} = \cancel{h_2}^0 + \frac{P_2}{\gamma} + \frac{v_2^2}{2g}$$

E presión₁ + E velocidad₁ = E presión₂ + E velocidad₂

En la realidad, los accesorios, la longitud de la tubería, la rugosidad de la tubería, la sección de las tuberías y la velocidad del flujo provocan pérdidas o caídas de presión que son necesarias considerar a la hora de realizar balances energéticos, por lo tanto la ecuación se traduce en:

$$\frac{P_1}{\gamma} + \frac{v_1^2}{2g} = \frac{P_2}{\gamma} + \frac{v_2^2}{2g} + \text{Pérdidas}_{\text{regulares y singulares}}$$

Condición real y con altura cero, o sistema en posición horizontal.

-Pérdidas regulares: están relacionadas con las características propias de la tubería.

-Pérdidas singulares: se refiere a las pérdidas o caídas de presión que provocan los accesorios. (Válvulas, codos, reguladoras de presión, etc.).

Problema

¿Cuál es la presión en el punto 2?

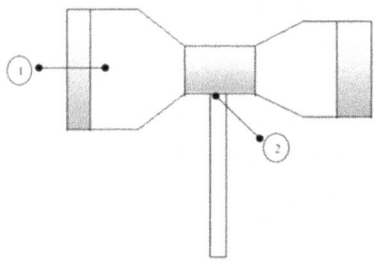

Se tienen los siguientes datos:

V1 = 67,3 m/min

p1 = 3 bar

V2 = 683 m/min

γ = 1 kgf/ cm³

Como ya vimos, en una disminución de sección de una cañería la velocidad aumenta, pero ¿Qué sucede con las presiones asociadas? Comparemos los puntos 1 y 2 a través de la ecuación de balance de energía.

$$h_1 + \frac{p_1}{\gamma} + \frac{v_1^2}{2g} = h_2 + \frac{p_2}{\gamma} + \frac{v_2^2}{2g}$$

Como la altura se puede despreciar, la ecuación queda:

$$\frac{p_1}{\gamma} + \frac{v_1^2}{2g} = \frac{p_2}{\gamma} + \frac{v_2^2}{2g}$$

Despejando p2, queda:

$$p_2 = \left(\frac{p_1}{\gamma} + \frac{v_1^2}{2g} - \frac{v_2^2}{2g}\right) \times \gamma$$

Reemplazando

$$p_2 = \left(\frac{3 kgf/cm^2}{1 kgf/cm^3} + \frac{67.3^2 m^2/\min^2}{2 \times 9.8 m/s^2} - \frac{683^2 m^2/\min^2}{2 \times 9.8 m/s^2}\right) \times 1 kgf/cm^3$$

$$p_2 = (3cm + 6cm - 660cm) \times 1 kgf/cm^3$$

$$p_2 = -659 kgf/cm^2$$

Por lo tanto, al aumentar la energía cinética (de movimiento) disminuyen el resto de las energías, en este caso la energía de presión, a tal grado que provoca un vacío facilitando la succión de otro elemento por el tubo dispuesto al centro de la garganta, este fenómeno se puede apreciar en los carburadores de automóviles y en pistolas para pintar, entre otros ejemplos.

Obtención y distribución del aire comprimido

Compresores

Para producir aire comprimido se utilizan los compresores, que elevan la presión del aire al valor de trabajo deseado. Por tanto, aspiran el aire del ambiente y lo comprimen mediante la disminución del volumen. Se puede decir que los compresores transforman en energía potencial de aire comprimido otro tipo de energía mecánica aportada desde el exterior, en general por medio de un motor eléctrico o de combustión interna. El aire viene comprimido de la estación compresora a los mecanismos por medio de tuberías. La capacidad de los compresores debe ser superior al tamaño de la red, pues de lo contrario sería insuficiente y no funcionarían los mecanismos correctamente.

Tipos de compresores
Hay dos tipos básicos de compresores:
1. Los que trabajan según el principio de desplazamiento, obteniéndose la compresión en un lugar hermético por reducción del volumen (émbolo).

2. Los que trabajan según el principio de la dinámica de los fluidos, al entrar el aire aspirado por un sitio y comprimido como consecuencia de la aceleración de la masa (turbina).

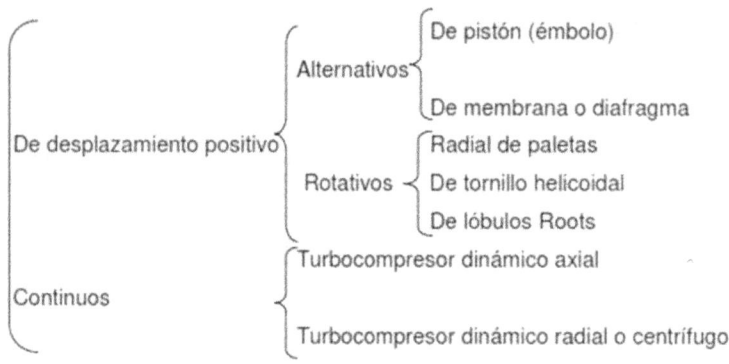

Compresor de émbolo oscilante de dos etapas

Todos los compresores de émbolos están movidos por un mecanismo de biela-manivela que transforma el movimiento rotativo del motor de arrastre en movimiento alternativo. Van equipados, al menos, con válvula de seguridad y un presostato. Los hay de una, dos o más etapas (con uno, dos o más cilindros), dependiendo del caudal o presión que se desea. En el de dos etapas, el movimiento molecular, después de la primera compresión, provoca una elevación de la temperatura (Ley de transformación de la energía). Se debe refrigerar el aire antes de la segunda compresión para evacuar el calor. El movimiento hacia abajo del émbolo aumenta el volumen para crear una presión más baja que la atmosférica, lo que hace entrar el aire en el cilindro por la válvula de admisión. Al final de la carrera, el émbolo se mueve hacia arriba, la válvula de admisión se cierra cuando el aire se comprime, obligando a la válvula de escape a abrirse para descargar el aire. Si es de dos etapas, el aire pasa refrigerado a una segunda etapa en que lo comprime a la presión de trabajo deseada.

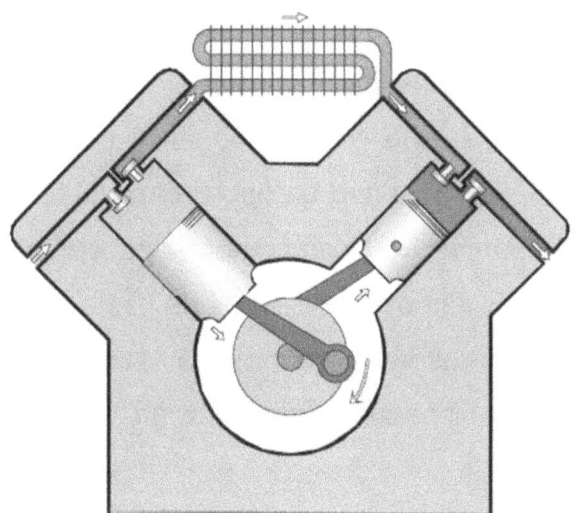

Compresor Neumático de Émbolos de dos etapas

El símbolo neumático para todos los compresores es el mismo, utilizándose normas DIN/ISO y las recomendaciones internacionales CTOP (Comité Européen des Transmissions Oléhydrauliques et Pneumatiques).

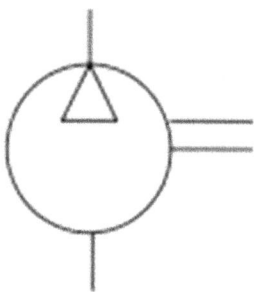

El compresor de diafragma suministra aire comprimido seco a menores presiones pero libre de aceite, por lo que se emplea en la industria alimenticia, farmacéutica o similar.

Existen gráficas que, atendiendo a la presión y caudal necesario, recomiendan un tipo u otro de compresor. Así por ejemplo, los compresores de émbolo de 2 etapas se utilizan para presiones de hasta 15 bares, y los turbocompresores para grandes caudales.

El caudal se expresa en m^3/min ó m^3/h.

Depósitos

El complemento del compresor es el depósito, calderín o acumulador y tiene las siguientes funciones:

1. Amortiguar las pulsaciones del caudal de salida de los compresores alternativos.

2. Permitir que los motores de arrastre de los compresores no tengan que trabajar de manera continua, sino intermitentemente.

3. Hacer frente a las demandas puntuales de caudal sin provocar caídas en la presión.

En general son cilíndricos, de chapa de acero y van provistos de varios accesorios tales como un manómetro, válvula de seguridad, válvula de cierre, grifo de purga de condensados, así como un presostato (en los pequeños) para arranque y paro del motor.

Los depósitos para pequeños compresores suelen ir montados debajo del mismo compresor y en sentido horizontal. Para grandes caudales suelen ir separados y en sentido vertical, disponiendo de otros accesorios como termómetro y trampilla de acceso. Su tamaño depende de varios factores como el caudal de suministro del compresor, de la demanda de aire, del volumen suplementario de las tuberías, del tipo de refrigeración para determinar los periodos aconsejables de paro, etc.

Acumulador de Pistón

Un acumulador de tipo pistón consiste en un cuerpo cilíndrico y un pistón móvil con sellos elásticos.

El gas ocupa el volumen por encima del pistón y se comprime cuando el fluido entra al interior del cuerpo cilíndrico.

Al salir el fluido del acumulador la presión del gas desciende.

Una vez que todo el líquido ha sido descargado, el pistón alcanza el final de su carrera y cubre la salida manteniendo el gas dentro del acumulador.

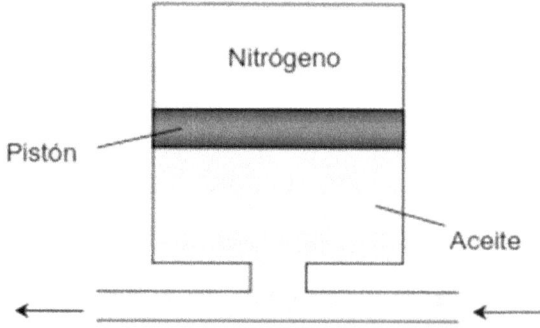

Acumulador de gas no separado

Los acumuladores de gas no separado consisten en un depósito en el que se coloca un volumen de fluido y a continuación se le da la presión al gas. Normalmente se instalan en circuitos donde el volumen de aceite tiene un máximo y un mínimo dentro del acumulador. Este acumulador es sencillo de construcción, económico y se puede realizar para caudales medianos. Tiene el inconveniente de que existe el peligro de que el gas se mezcle con el aceite.

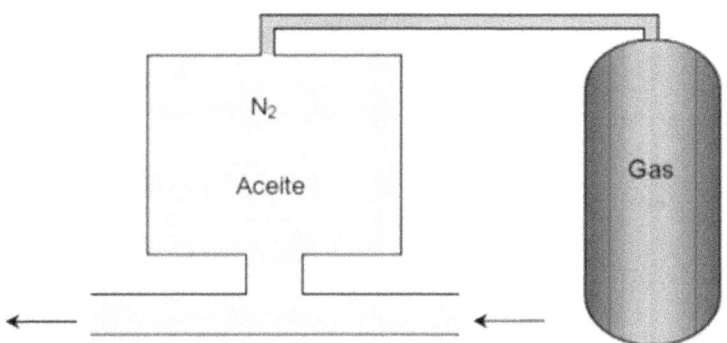

Acumulador de Diafragma

El acumulador de tipo diafragma se compone de dos hemisferios metálicos atornillados juntos, pero cuyo volumen interior se halla separado por un diafragma de hule sintético, el gas ocupa el hemisferio superior. Cuando el fluido entra en el espacio inferior, el gas se comprime.

Al descargar todo el líquido, el diafragma desciende hasta la salida y mantiene el gas dentro del acumulador.

Este tipo de acumuladores son para caudales relativamente pequeños y presiones medias.

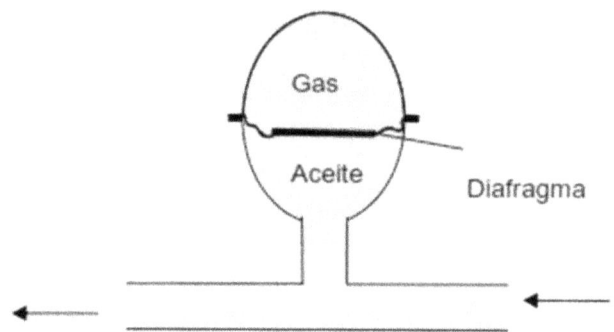

Acumulador de vejiga

El acumulador de tipo vejiga se compone de un casco de metal en cuyo interior se encuentra una vejiga de hule sintético que contiene al gas.

Cuando el fluido entra al interior del casco, el gas en la vejiga se comprime.

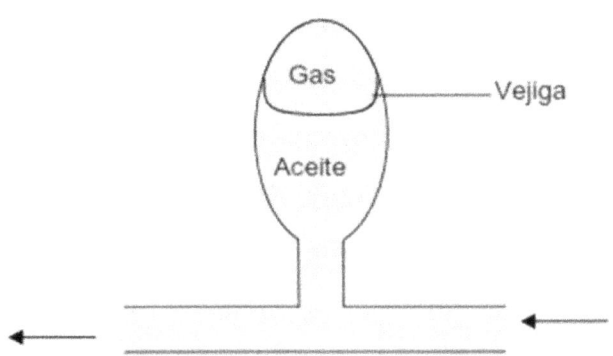

La presión disminuye conforme el fluido sale del casco, una vez que todo el líquido ha sido descargado, la presión del gas intenta empujar la vejiga a través de la salida del acumulador. Sin embargo, una válvula colocada encima del puerto de salida, interrumpe automáticamente el flujo cuando la vejiga presiona el tapón de la misma.

Observaciones

-No cargar nunca un acumulador con oxígeno o con aire.
-Descargar la presión antes de quitar el acumulador.
-Antes de despiezar el acumulador quitar presión de gas.

Distribución del aire comprimido

Tuberías

Las máquinas y mecanismos neumáticos se abastecen del aire comprimido proporcionado por un compresor a través de las tuberías. Su cálculo debe ser riguroso teniendo en cuenta una serie de elementos como:

- El caudal.
- La longitud de las tuberías.
- La pérdida de presión admisible.
- La presión de servicio.

A cantidad de estrangulamientos de la red (suponen una longitud supletoria).

En la práctica existen nomogramas que facilitan el cálculo del diámetro de una tubería de forma rápida y sencilla.

Los materiales de que están hechos varían con su aplicación. La tubería de gas estándar suelen ser de acero al carbono (SPG), para grandes diámetros en líneas de conductos largos se utiliza acero inoxidable, y cobre cuando requiere una resistencia a la corrosión o al calor. Debe tener un descenso en el sentido de la corriente del 1 al 2%, para evitar que el agua condensada que pueda haber en la tubería principal llegue a los elementos, colocándose las derivaciones en la parte superior del tubo.

Las mangueras de goma o plástico reforzado se utilizan en herramientas neumáticas manuales en las que el tubo está expuesto a desgaste mecánico, debido a su flexibilidad.

Los tubos de PVC, nylon, poliuretano o poliamida se utilizan principalmente en la interconexión de componentes neumáticos.

Tratamiento del aire comprimido
Preparación del aire comprimido
El aire comprimido contiene impurezas que pueden causar interrupciones y averías en las instalaciones neumáticas, incluida la destrucción de los elementos neumáticos. Estas impurezas son en general, gotas de agua, polvo, restos de aceite de los compresores, cascarillas, etc. Mediante la preparación del aire se aumenta la duración de los elementos, reduciendo los tiempos de avería de los mandos.

Los aparatos con los que se consigue mejorar la calidad del aire son típicamente los siguientes:

-Filtros en la aspiración, para evitar la entrada de abrasivos que contiene el aire al compresor.

-Refrigeradores del compresor, para separar los condensados del aire húmedo absorbidos por el compresor.

-Purgas intermedias, para eliminar los condensados del aire que ha pasado aún sin enfriarse completamente.

-Secadores, utilizados en las grandes instalaciones y reduciendo el contenido de agua hasta un $0'001g/m^3$

-Desoleadores, capaces de no dejar pasar agua líquida en suspensión, aceite o partículas sólidas.

Vamos a tratar solamente los elementos que componen una unidad de mantenimiento (filtro, regulador de presión y lubricador) de una pequeña instalación, colocada delante de las utilizaciones.

Deben eliminarse todas las impurezas del aire, ya se antes de su introducción en la red distribuidora o antes de su utilización. Las impurezas que contiene el aire pueden ser:

Sólidas. Polvo atmosférico y partículas del interior de las instalaciones

Líquidas. Agua y niebla de aceite

Gaseosas. Vapor de agua y aceite

Los inconvenientes que estas partículas pueden generar son:

Sólidas. Desgaste y abrasiones, obstrucciones en los conductos pequeños.

Líquidas y gaseosas. El aceite que proviene de la lubricación de los compresores provoca: formación de partículas carbonases y depósitos gomosos por oxidación y contaminación del ambiente al descargar las válvulas. Por otro lado el agua en forma de vapor provoca: oxidación de tuberías y elementos, disminución de los pasos efectivos de las tuberías y elementos al acumularse las condensaciones, mal acabado en operaciones de pintura.

En la actualidad se ha desarrollado y se está difundiendo cada vez con mayor velocidad los compresores libre de aceite, especialmente desarrollado para la industria alimenticia y farmacéutica, estos pueden ser del tipo pistón o tornillo, la gran ventaja de estos equipos es la entrega de un aire limpio, de alta pureza, pero siempre necesita un sistema de filtración posterior.

Unidad preparadora de aire (UPA o FRL)

Es una unidad que acondiciona el aire para su utilización en los elementos de trabajo, es decir, realízale filtrado, drenajes de líquido, reduce la presión al nivel requerido y lubrican el aire.

Consta de tres elementos básicos que son:

1. Filtro con purga
2. Válvula reductora de presión
3. Lubricador

Filtrado del aire comprimido

En los procesos de automatización neumática se tiende cada vez a miniaturizar los elementos (problemas de espacio), fabricarlos con materiales y procedimientos con los que se pretende el empleo cada vez menor de los lubricadores. Consecuencia de esto es que cada vez tenga más importancia el conseguir un mayor grado de pureza en el aire comprimido, para lo cual se crea la necesidad de realizar un filtraje que garantice su utilización.

El filtro tiene por misión:
-Detener las partículas sólidas
-Eliminar el agua condensada en el aire

Filtros de aire
Los filtros se fabrican en diferentes modelos y deben tener drenajes accionados manualmente, semiautomática o automáticamente. Los depósitos deben construirse de material irrompible y transparente. Generalmente pueden limpiarse con cualquier detergente. Generalmente trabajan siguiendo el siguiente proceso: El aire entra en el depósito a través de un deflector direccional, que le obliga a fluir en forma de remolino. Consecuentemente, la fuerza centrífuga creada arroja las partículas líquidas contra la pared del vaso y éstas se deslizan hacia la parte inferior del mismo, depositándose en la zona de calma. La pantalla

separadora evita que con las turbulencias del aire retornen las condensaciones. El aire continúa su trayecto hacia la línea pasando a través del elemento filtrante que retiene las impurezas sólidas. Al abrir el grifo son expulsadas al exterior las partículas líquidas y sólidas en suspensión. El agua no debe pasar del nivel marcado que normalmente traen los elementos, puesto que en la zona turbulenta el agua sería de nuevo arrastrada por el aire.

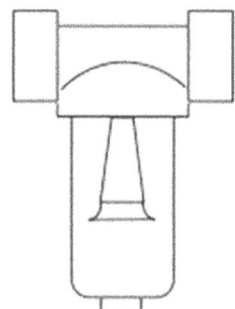

Regulación de la Presión

Los reguladores de presión son aparatos de gran importancia en aplicaciones neumáticas. Normalmente son llamados mano reductores, que son en realidad reguladores de presión. Para su aplicación en neumática debemos entender su funcionamiento y comportamiento ante las variaciones bruscas de presión de salida o frente a demandas altas de caudal.

Reguladores de presión

Al ingresar el aire a la válvula, su paso es restringido por el disco en la parte superior.

La estrangulación se regula por acción del resorte inferior.

El pasaje de aire reducido determina que la presión en la salida o secundario tenga un valor inferior.

La presión secundaria a su vez actúa sobre la membrana de manera tal que cuando excede la presión del resorte se flexiona y el disco superior baja hasta cerrar totalmente el paso de aire desde el primario.

Si el aumento de presión es suficientemente alto, la flexión de la membrana permitirá destapar la perforación central con lo cual el aire tendrá la posibilidad de escapar a la atmósfera aliviando la presión secundaria.

Cuando la presión vuelve a su nivel normal la acción del resorte nuevamente abre la válvula y la deja en posición normal.

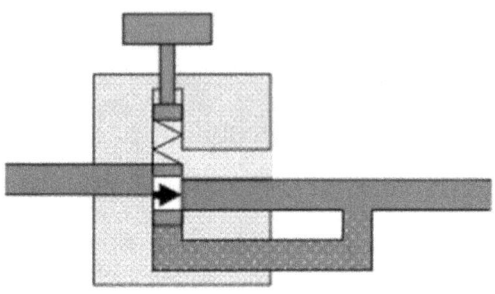

Filtro con regulador de presión

El filtro tiene como misión extraer del aire comprimido circulante todas las impurezas y el agua condensada.

Hay diferentes tipos: con o sin regulador de presión y purga. Además suelen llevar incorporado, los que poseen el regulador de presión, un manómetro. Vamos a ver el funcionamiento de un filtro con regulador de presión y purga. El aire entra y pasa por una chapa deflectora (2) con ranuras directrices al recipiente (1). De esa forma se somete al aire a un movimiento de rotación. Los componentes líquidos y partículas grandes de suciedad se desprenden por efecto de la fuerza centrífuga y caen a la parte inferior del recipiente. Este recipiente o taza suele ser de plástico transparente para su control visual. Estos se extraen al exterior por medio de la purga (3) que puede ser manual o automática. A continuación pasa el aire por otro filtro sinterizado de cobre o espuma poliuretánica (4) que separa otras partículas más finas. Debe ser sustituido o limpiado cada cierto tiempo.

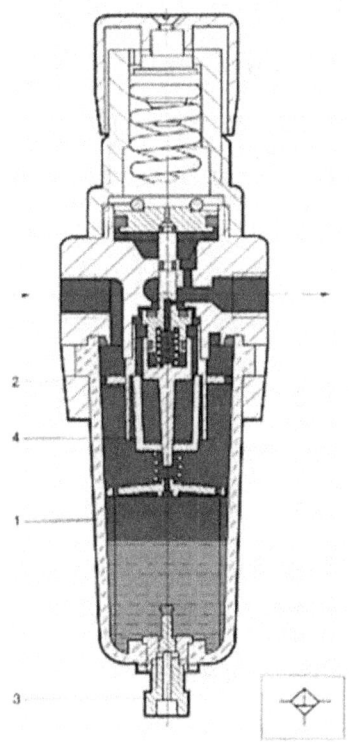

El aire limpio pasa entonces por el regulador de presión.

La función del regulador de presión es mantener la presión de trabajo constante, aunque la presión de la red varíe o lo haga el consumo de aire. La presión primaria debe ser siempre mayor a la secundaria o de trabajo.

Con el tornillo superior regulamos la fuerza del muelle que se opone a otra fuerza por el otro lado, originada por la presión de trabajo.

Si la presión de trabajo aumenta, aumenta la fuerza contraria al muelle. Esto hace disminuir el caudal de aire que pasa, bajando la presión en el secundario.

La sobrepresión suele eliminarse por medio de unos orificios de escape.

Si por el contrario la presión de trabajo disminuye, disminuye la fuerza contraria al muelle.

Esto origina una entrada mayor de caudal, restableciendo la presión de trabajo.

Los símbolos CETOP del filtro con purga manual y automática son los siguientes:

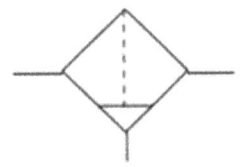 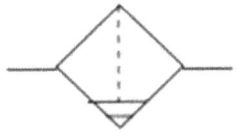

Los símbolos CETOP del regulador de presión con y sin escape son los siguientes:

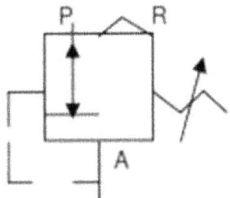 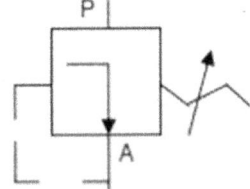

Lubricador

Son aparatos que regulan y controlan la mezcla de aire – aceite. Los aceites que se emplean deben:

Muy fluidos

Contener aditivos antioxidantes.

Contener aditivos antiespumantes.

No perjudicar los materiales de las juntas.

Tener una viscosidad poco variable trabajando entre 20 y 50° C.

No pueden emplearse aceites vegetales (Forman espuma).

El lubricador tiene como misión reducir el rozamiento de los elementos móviles de los aparatos neumáticos y protegerlos contra la corrosión.

Se basan en el efecto Venturi, derivado del Teorema de Bernoulli.

Se aprovecha la depresión que se produce entre la entrada de la "tobera" y la zona más estrecha para aspirar líquido (aceite) de un depósito y mezclarlo con el aire.

Al existir un estrechamiento en la tubería, la presión en esa zona disminuye y si colocamos un tubo con aceite, la diferencia de presión aspira el líquido, las gotas de éste son pulverizadas por el aire y quedan mezcladas con él.

El lubricador no trabaja hasta que la velocidad del flujo es suficientemente grande.

Si se consume poco aire, la velocidad de flujo en la tobera no alcanza para producir una depresión suficiente y aspirar el aire del depósito.

Al entrar el aire al lubricador, pasa por un estrechamiento.

En el canal y la cámara de goteo se produce una depresión, aspirando a través de un canal y tubo elevador gotas de aceite.

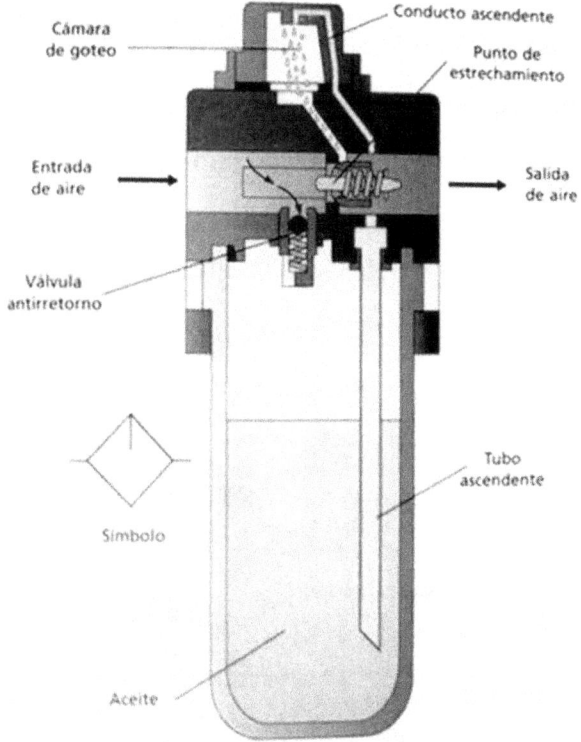

Finalmente sale el aire con aceite pulverizado hasta el elemento consumidor. La elección correcta del aceite es importante, pues una mala elección puede tener consecuencias desastrosas para los elementos neumáticos. Siempre es conveniente consultar al distribuidor de los elementos por el aceite ideal y seguir todas las instrucciones en cuanto a la cantidad y tiempo de reposición.

Unidad de mantenimiento

Se denomina unidad de mantenimiento a la combinación de los elementos siguientes:

- Filtro de aire comprimido.
- Regulador de presión (generalmente con manómetro).
- Lubricador de aire comprimido.

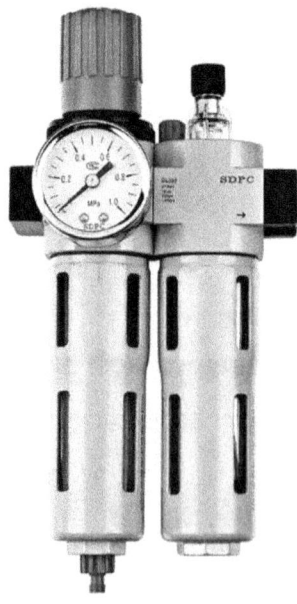

Se suelen emplear en conjunto, determinando el siguiente símbolo específico que se puede simplificar:

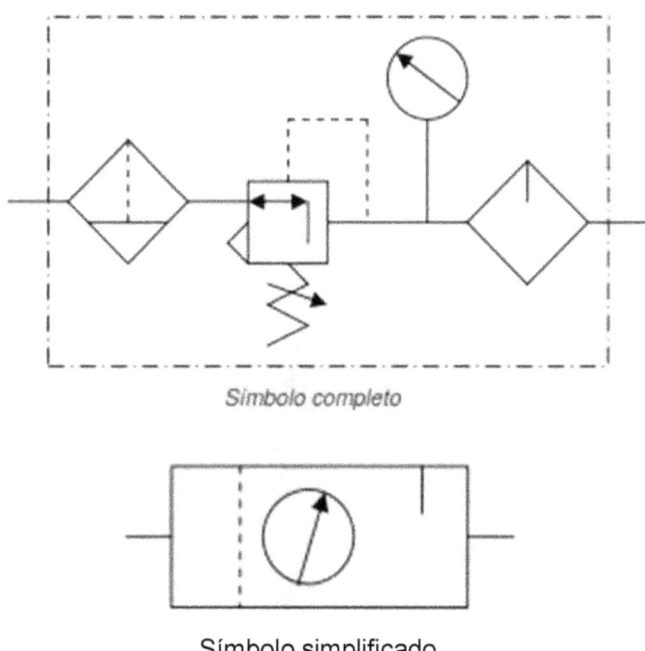

Símbolo completo

Símbolo simplificado

Compresor Axial

El proceso de obtener un aumento de la energía de presión a la salida del compresor se logra de la siguiente manera. La rotación acelera el fluido en el sentido axial comunicándole de esta forma una gran cantidad de energía cinética a la salida del compresor, y por la forma constructiva, se le ofrece al aire un mayor espacio de modo que obligan a una reducción de la velocidad. Esta reducción se traduce en una disminución de la energía cinética, lo que se justifica por haberse transformado en energía de presión.

Con este tipo de compresor se pueden lograr grandes caudales (200.000 a 500.000 m³/h) con flujo uniforme pero a presiones relativamente bajas (5 bares).

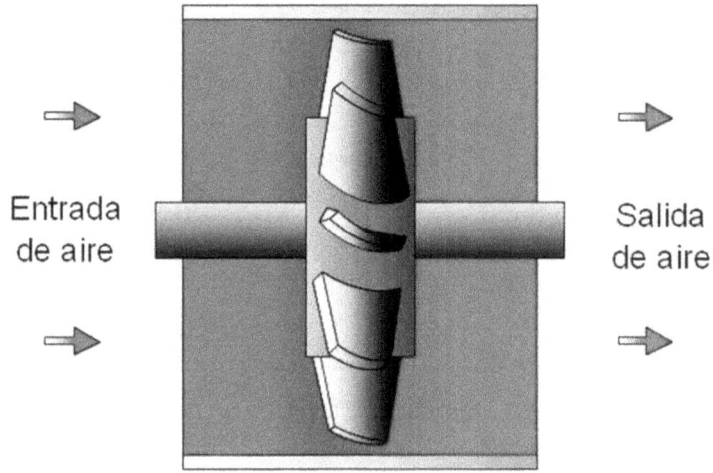

Entrada de aire

Salida de aire

Compresor Radial

En este caso, el aumento de presión del aire se obtiene utilizando el mismo principio anterior, con la diferencia de que en este caso el fluido es impulsado una o más veces en el sentido radial. Por efecto de la rotación, los álabes comunican energía cinética y lo dirigen radialmente hacia fuera, hasta encontrarse con la pared o carcasa que lo retorna al centro, cambiando su dirección.

En esta parte del proceso el aire dispone de un mayor espacio disminuyendo por tanto la velocidad y la energía cinética, lo que se traduce en la transformación de presión. Este proceso se realiza tres veces en el caso de la figura, por lo cual el compresor es de tres etapas. Se logran grandes caudales pero a presiones también bajas. El flujo obtenido es uniforme.

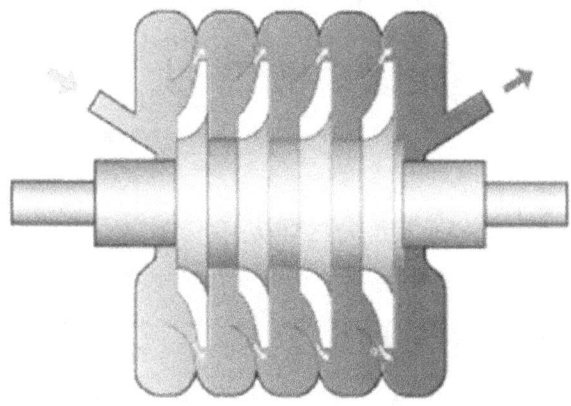

Accionamiento del compresor

Normalmente la energía mecánica que requiere el compresor se obtiene de un motor eléctrico dadas las ventajas que presenta utilizar este tipo de energía.

Generalmente el motor gira un número de rpm fijo por lo cual se hace necesario regular el movimiento a través de un sistema de transmisión compuesto en la mayoría de los casos por un sistema de poleas y correas.

Aunque la aplicación anterior es la más difundida y utilizada industrialmente, el elemento de accionamiento también puede ser un motor de combustión interna.

Este tipo de energía es especialmente útil para trabajos en terreno en que no se cuenta con electricidad.

Ubicación de la estación compresora

Esta debe ubicarse en un lugar cerrado, a fin de minimizar el factor ruido.

El recinto además debe contar con ventilación adecuada y el aire aspirado debe ser lo mas fresco, limpio y seco posible

Manual de Neumática 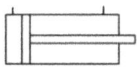 Ing. Miguel D'Addario

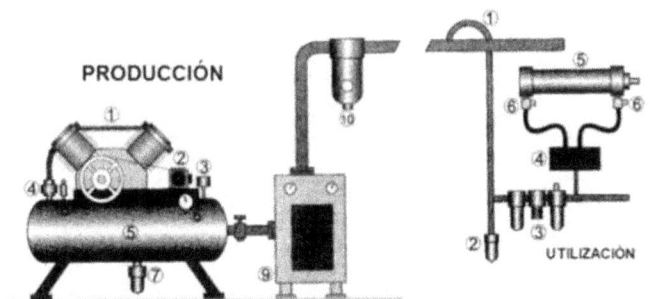

PRODUCCIÓN Y TRATAMIENTO DE AIRE
1. COMPRESOR.
2. MOTOR ELÉCTRICO.
3. PRESOSTATO.
4. VÁLVULA ANTIRRETORNO.
5. DEPÓSITO.
6. MANÓMETRO.
7. PURGA AUTOMÁTICA.
8. VÁLVULA DE SEGURIDAD.
9. SECADOR DE AIRE REFRIGERADO.
10. FILTRO DE LÍNEA.

CIRCUITO DE UTILIZACIÓN
1. TOMA DE AIRE.
2. PURGA AUTOMÁTICA.
3. UNIDAD DE MANTENIMIENTO.
4. VÁLVULA DIRECCIONAL.
5. ACTUADOR.
6. CONTROLADORES DE VELOCIDAD.

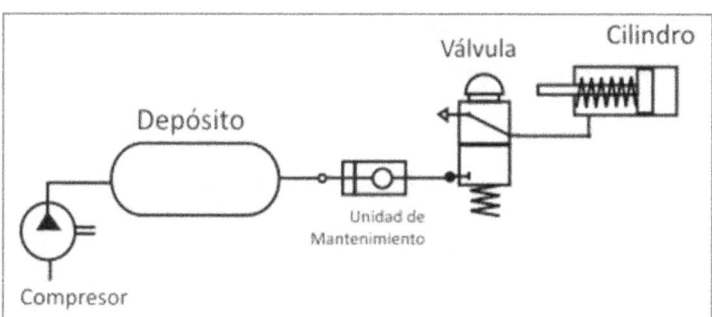

Manual de Neumática 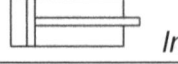 *Ing. Miguel D'Addario*

Elementos de trabajo

Motores neumáticos: clasificación

Los motores neumáticos convierten la energía del aire comprimido en un movimiento de giro (rotativo) o lineal de vaivén (lineal-alternativo).

Podemos clasificarlos en:

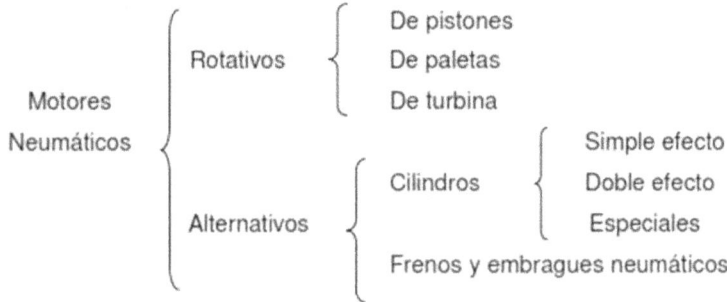

Cilindros neumáticos

Un cilindro neumático consta principalmente de un tubo cilíndrico (camisa) de acero embutido sin costuras con un gran acabado interno (bruñido) para minimizar el desgaste; una tapa generalmente de fundición de aluminio (cabezal anterior) en la parte del vástago y otra (cabezal posterior) en el otro extremo; émbolo generalmente de aleación ligera o acero bonificado con manguito de doble copa; y vástago de acero bonificado al cromo para evitar su corrosión con juntas tóricas. Entre el vástago y el cabezal anterior llevan un cojinete generalmente de bronce sinterizado que sirve de guía al vástago, y un collarín obturador para hermetizar el vástago. Delante del casquillo del cojinete se encuentra un aro rascador que impide la entrada de suciedad en el interior del cilindro. El tipo de fijación depende del modo en que el cilindro se coloque en el dispositivo o máquina, fijándose por bridas, rosca, pies, etc. Las acciones que realiza un cilindro son "tirar" y "empujar". El mayor esfuerzo se realiza al empujar, esto es, cuando la presión actúa sobre la cara del émbolo sin el vástago por ser la superficie mayor.

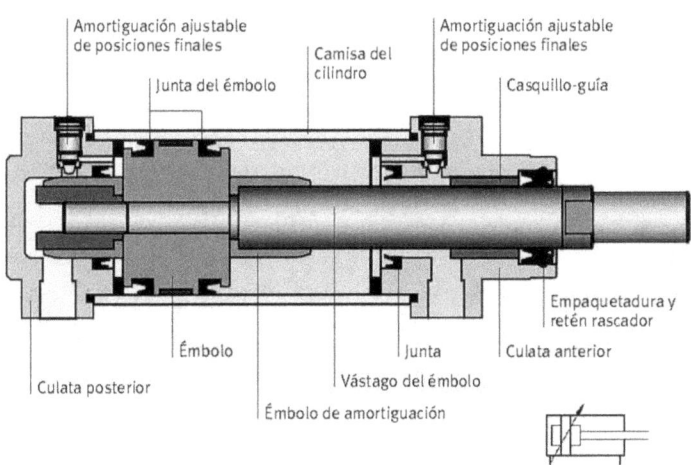

Cilindros de simple efecto

Tienen una sola conexión de aire, trabajando solo en un sentido. Generalmente, la carrera activa es la de "vástago saliente", realizándose el retorno bien por muelle o por una fuerza externa.

Suelen ser de diámetro pequeño y carrera corta (hasta 100 mm), debido al muelle. Se utilizan para sujetar, expulsar, apretar, alimentar, levantar, etc.

Al entrar aire proveniente del distribuidor por el orificio de la izquierda el vástago avanza (carrera de avance o trabajo), mientras que al dejar de entrar aire el vástago retrocede (carrera de retroceso o retorno).

Se suelen nombrar en su representación simbólica por A, B, C, etc., ó 1.0, 2.0, 3.0, etc.

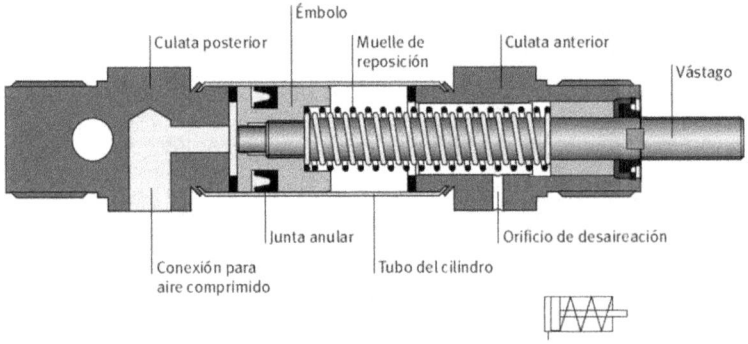

Cilindros de doble efecto

Poseen dos tomas de aire situadas a ambos lados del émbolo. Son los más utilizados, aprovechando la carrera de trabajo en los dos sentidos. Las ventajas con relación a los de simple efecto son, entre otras:

-Aprovecha toda la longitud del cuerpo del cilindro como carrera útil.

-No realiza trabajo en comprimir el muelle.

-Se puede ajustar con mayor precisión en régimen de funcionamiento.

A igualdad de presión, la fuerza del émbolo es mayor en el avance que en el retroceso, debido a la mayor sección. La carrera no tiene la limitación de los de simple efecto al no poseer muelle, pero no puede ser muy larga debido al peligro de pandeo y flexión del vástago.

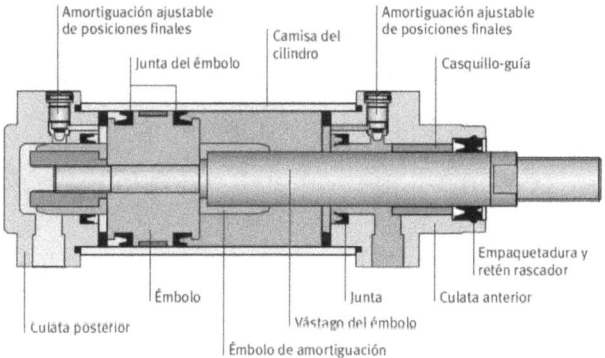

Al entrar el aire empuja al émbolo saliendo el vástago (carrera de "avance"). El aire de la otra cámara sale. Si el aire entra el cilindro retorna (carrera de "retroceso"), saliendo el aire de la otra cámara.

Cilindro de doble efecto con amortiguación interna

Al objeto de evitar un choque brusco y posibles daños cuando la masa trasladada es grande, se utiliza un sistema de amortiguación que entra en acción poco antes de alcanzar el final de la carrera.

El cilindro posee, adicionalmente, de tapas con válvulas de retención (antirretornos), estrangulación regulable y émbolo de amortiguación.

Antes de alcanzar la posición final, el émbolo de amortiguación interrumpe la salida directa del aire hacia el exterior.

Solo puede salir el aire por la pequeña abertura regulada por medio de un tornillo, deslizándose el émbolo lentamente hasta su posición final.

Los hay con amortiguación en los dos lados o en uno, regulable o no.

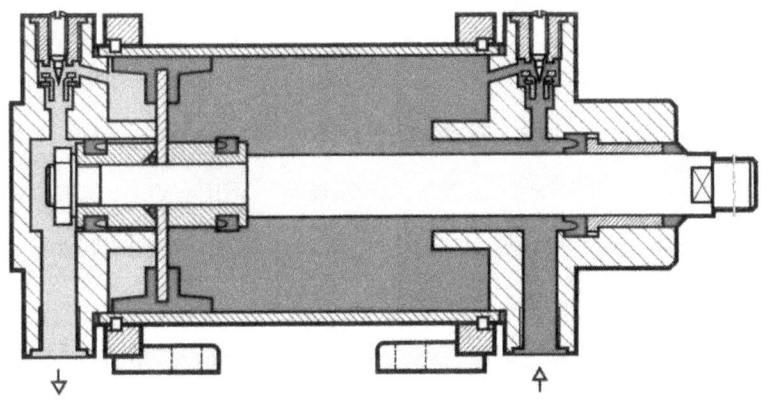

Sus símbolos:

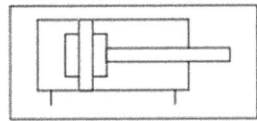
C. de D. E. con amortiguación en ambos lados no regulable

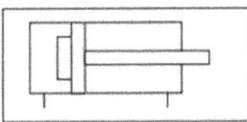
C. de D. E. con amortiguación en un lado no regulable

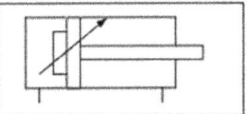
C. de D. E. con amortiguación en un lado regulable

Cilindros de doble efecto para palpación sin contacto

Son cilindros neumáticos con finales de carrera magnéticos incorporados en el propio cilindro. Básicamente están equipados con un émbolo magnético permanente, que actúa sobre microrruptores eléctricos cuya zona sensitiva está situada en los finales de carrera sobre el émbolo. Son de diferentes tipos y se utilizan en electro-neumática.

Otros tipos de cilindros

Hay muchos tipos de cilindros cuya característica es específica para determinados trabajos. Los de impacto poseen dos cámaras, aprovechando la primera para crear una gran aceleración en la otra. El émbolo sale con gran fuerza.

Los tándems son dos cilindros de doble efecto acoplados en serie, consiguiendo fuerzas casi el doble que un cilindro de doble efecto e igual diámetro.

Los de doble vástago poseen un vástago hacia ambos lados, desarrollando una fuerza igual en ambos sentidos.

El cilindro compacto permite una carrera muy corta. Su longitud viene a ser de 2´5 a 4 veces inferior a otro estándar. Su principal inconveniente, debido a su pequeña carrera, es la detección de la posición para generar señal.

Por ello, se utilizan principalmente con sensores magnéticos. Otros son los multiposicionales (varias posiciones), de cable (en sustitución del émbolo), de giro (piñón-cremallera), etc.

Cilindros sin vástago

Hay veces que es un inconveniente el que un cilindro duplique su longitud durante la carrera. En este tipo de aplicaciones, se utilizan cilindros sin vástago.

En éstos la transmisión es, generalmente, o magnética o mecánica. Un cilindro convencional con una carrera de 500 mm, puede llegar a tener una dimensión total de 1100 mm, mientras que un cilindro sin vástago tiene una longitud total de 600 mm.

Juntas de los cilindros

En el émbolo y vástago, se colocan juntas de estanqueidad. También tiene el vástago un collarín obturador en la tapa delantera para hermetizar el vástago. Las hay tóricas, cuadradas, en L, manguito de copa, manguito doble de copa, etc.

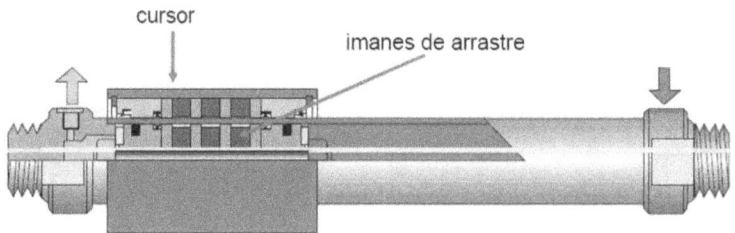

Cilindro magnético sin vástago

Consumo de aire en cilindros neumáticos

El consumo de aire en un cilindro se calcula respetando las condiciones de borde que indica la norma ISO:

- Temperatura 20 °C
- Presión 1 atm
- Humedad relativa 65%

El cálculo del consumo parte obteniendo el volumen de ambas cámaras en el caso de un cilindro de doble efecto.

Cámara principal $\quad V = \dfrac{\pi \times D^2}{4} \times L$

Clamara anular $\quad V = \dfrac{\pi \times (D^2 - d^2)}{4} \times L$

Si sumamos ambas cámaras tendremos el total del cilindro:

$$V_{ci} = \dfrac{\pi \times (2D^2 - d^2)}{4} \times L$$

Luego, para determinar el volumen de aire se debe usar la siguiente ecuación derivada de la ley de Boyle Mariotte.

$$V_{aire} = \frac{P_{abs} \times V_{cil}}{P_{atm}}$$

Donde :

p_{abs} = Presión Absoluta
p_{atm} = Presión Atmosférica
p_{man} = Presión manométrica
V_{aire} = Volumen de aire

Suponiendo una presión atmosférica de 1 kgf/cm², el volumen de aire será:

$$V_{aire} = \frac{(p_{man} + 1) \times V_{cil}}{1000 \times 1}$$

Cabe destacar que el volumen de aire obtenido es el correspondiente a un ciclo, por lo tanto para saber el volumen por minuto se debe multiplicar el resultado por la cantidad de ciclos realizados en un minuto.

Sensores neumáticos

Los sensores neumáticos se dividen básicamente en dos, los que captan la posición de un objeto por el objeto en sí y otros que captan la presencia por cambios en las magnitudes físicas.

Ninguno necesita energía eléctrica, lo que ha fomentado el uso de estos elementos.

Los sensores se dividen básicamente en los siguientes grupos:

Captadores de presión
Presostato
Es un transductor, convierte la señal neumática en una señal eléctrica la que es utilizada para energizar una electroválvula o desenergizar un motor.

Captadores de umbral de presión
Estos elementos realizan la función lógica NO. Ante la ausencia de presión en la entrada comunica presión a la salida, habiendo aún que sea un mínimo de presión en la entrada se anula la de salida. Son muy usados

en automatismos secuenciales ya que no ocupan espacio al instalarlos en las tuberías.

Captadores de posición
Captadores de fuga

Son muy apropiados para usarlos como final de carrera, su funcionamiento se basa sobre el contacto con la pieza, es muy seguro y versátil, tanto en su construcción como en la presión de trabajo la que fluctúa entre 0,1 y 8 bar.

De acuerdo a la presión de trabajo se verá la necesidad de incorporarle un amplificador de presión.

Son también denominados como "detector por obturación de fuga", debido a seto es posible alimentarles solo cuando debe dar una señal.

Captadores de proximidad o réflex

Su funcionamiento está basado sobre la detección del aire que se refleja cuando se interpone una pieza en la corriente de salida.

Son capaces de detectar objetos delicados o blandos, incluso a gran velocidad de desplazamiento, ya que no es necesario el contacto físico con la pieza.

Su capacidad de captación fluctúa entre los 2 mm y 10 m (los de largo alcance).

Amplificadores de señal

Estos elementos reciben una señal de presión baja o muy baja y emiten una señal a la presión normal de trabajo.

Pueden ser de una o dos etapas.

Su funcionamiento corresponde al de una válvula 3/2 normalmente cerrada con accionamiento neumático amplificado.

Contadores neumáticos

Estos elementos transductan la seña neumática, cuenta ciclos, en señal eléctrica, se pueden incorporar directamente en el mando neumático.

Se usan para accionar elementos eléctricos, tales como electroválvulas, embragues electromagnéticos, desconectar motores.

Elementos de mando y señal: válvulas

Un automatismo neumático consiste en obtener unas señales de salida que accionan a los elementos de potencia o trabajo (cilindros), a partir de otras señales de entrada (pulsadores, interruptores, finales de carrera, etc.) debidamente tratadas mediante válvulas.

En neumática podemos decir que tenemos dos tipos de señales:

Presencia de aire o presión (estado 1, SI).

Ausencia de aire o presión (estado 0, NO).

Las válvulas son elementos que regulan la puesta en marcha, el paro, la dirección, la presión o el caudal de fluido.

Según dicha función, las válvulas se dividen en:

Válvulas distribuidoras, de vías o de control de dirección: interrumpen, dejan pasar o desvían el fluido.

Válvulas de bloqueo: suelen bloquear el paso de caudal en un sentido y lo permiten en otro.

Válvulas de presión: mantienen constante una presión establecida.

Válvulas de caudal: dosifican la cantidad de fluido que pasa por ellas en unidad de tiempo.

Válvulas de cierre: abren o cierran el paso de caudal, pudiendo ser el paso en ambas direcciones.

Representación esquemática de las válvulas Distribuidoras

Las válvulas distribuidoras influyen en el camino del aire comprimido. Para representarlas simbólicamente en los esquemas se utilizan símbolos que solo indican su función, sin decir como son por dentro. Cuando se identifica a una válvula, debemos decir:

N° de vías, que son las entradas y salidas que tiene la válvula.

N° de posiciones, realizando en cada posición una función determinada.

Accionamiento, determina el modo de cambiar de posición la válvula.

Retorno, determina el modo en que vuelve a la posición de "reposo" o inicial.

Las posiciones se representan por medio de cuadros:

Válvula de dos posiciones

Válvula de tres posiciones

Las vías se representan por medio de flechas (↑), indicando la flecha la dirección del aire. Si la tubería interna está cerrada, se representa con una línea transversal (⊤).

 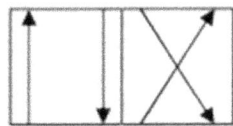

Válvula de 3 vías 2 posiciones (3/2)   Válvula de 4 vías 2 posiciones (4/2)

La posición inicial o de "reposo" de la válvula es la de la derecha en las de dos posiciones, o la central en las de más.

En esa posición se representan los empalmes por medio de una raya que sobresale y se une a las tuberías exteriores. Los empalmes se representan por letras o números:

Utilizaciones	A, B, C	2, 4, 6	CIL, OUT
Presión	P	1	IN
Escapes	R, S, T	3, 5, 7	EX
Pilotajes	X, Y, Z	12, 14, 16	
Fugas	L	9	

El accionamiento de la válvula puede ser de diferentes formas, representándose en el lateral izquierdo, y el retorno a la posición de reposo en el derecho.

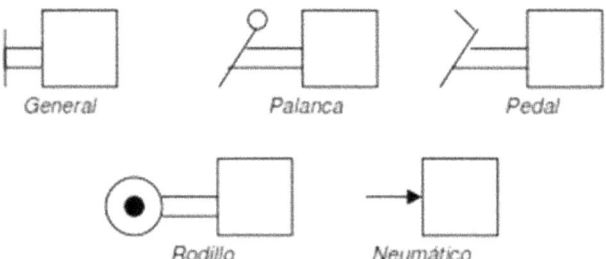

Otros accionamientos son la "seta", "muelle", "rodillo escamoteable", "pulsador con enclavamiento", "leva", "eléctrico", etc. Cuando en la posición de reposo la línea de presión (P) está abierta a una utilización (A), se dice que está normalmente abierta, mientras que si está cerrada se dice que está normalmente cerrada. Vamos a ver algún ejemplo:

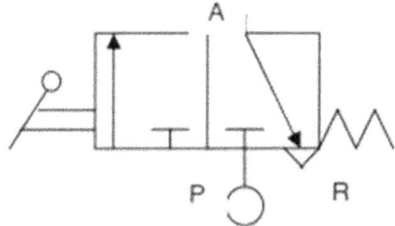

Válvula de 3 vías 2 posiciones, accionamiento por palanca y retorno por muelle, normalmente cerrada (3/2 n.c.). Válvula monoestable o inversora.

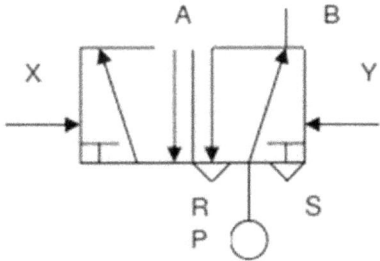

Válvula de 5 vías 2 posiciones accionamiento y retorno neumático (5/2). Válvula biestable, de impulsos o memoria.

Funcionamiento de la válvula 1ª:

En posición de reposo, llega el aire de P (presión), pero no pasa (cerrada en posición de reposo). La utilización está comunicada con el escape A⇒R. Al dar a la palanca, cambia de posición, comunicando P⇒A (utilización al cilindro) y el escape R queda cerrado. Al dejar de dar a la palanca la válvula vuelve, por efecto del muelle, a su posición de cerrada inicial.

Funcionamiento de la válvula 2ª:

Cuando se pilota la válvula con aire por Y, se pone en contacto P⇒B, A⇒R y S está cerrado. Si se pilota la válvula por X, se comunica P⇒A, B⇒S y R está cerrado.

Cuando una válvula retorna a su posición de reposo al dejar de accionarla (generalmente por medio de un muelle), se dice que es monoestable o inversora.

Si no retorna a su posición de reposo al dejar de accionarla, necesitando otra acción externa para cambiar de posición, se dice que es biestable, de impulsos o memoria.

Los cilindros de simple efecto utilizan válvulas distribuidoras 3/2 monoestables o biestables, mientras que los de doble efecto utilizan válvulas distribuidoras 4/2 ó 5/2 monoestables o biestables.

Los finales de carrera mecánicos son válvulas 3/2 generalmente cerradas en posición de reposo, accionados por rodillo y retorno por muelle.

Ejercicio
Al actuar un pulsador 3/2, sale un cilindro de simple efecto.

El retroceso del cilindro se realiza al soltar el pulsador. Utilizar para el mando una válvula monoestable o inversora.

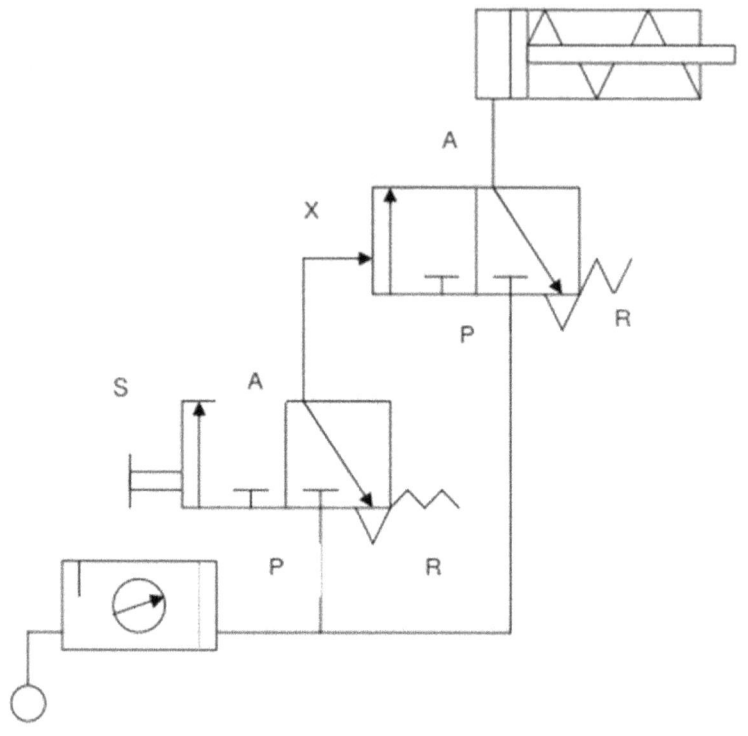

Ejercicio

Al actuar un pulsador 3/2, sale un cilindro de doble efecto amortiguado en ambos finales de carrera.

Al dejar de pulsar, el cilindro vuelve a su posición inicial.

Utilizar para el mando una válvula monoestable o inversora.

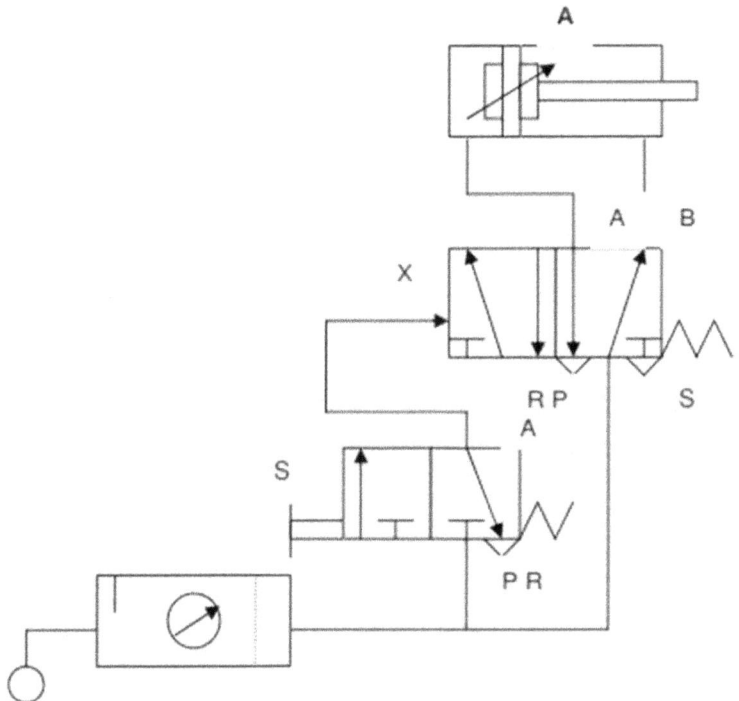

Funcionamiento interior de las válvulas monoestables

Las válvulas monoestables o inversoras solo tienen una toma X, esto es, están pilotadas neumáticamente por un solo conducto.

Su retroceso se suele realizar mediante un muelle.

Válvula 3/2 normalmente cerrada, accionamiento neumático retorno muelle:

En posición de reposo, la entrada de presión P está cerrada y la utilización A comunicada con el escape R. Si la pilotamos a través generalmente de la señal proveniente de otra válvula por X, el mecanismo interior se desplaza forzando al muelle, comunicando P con A y cerrando R. En el momento en que deja de entrar aire por X, la válvula cambia de posición debido al muelle.

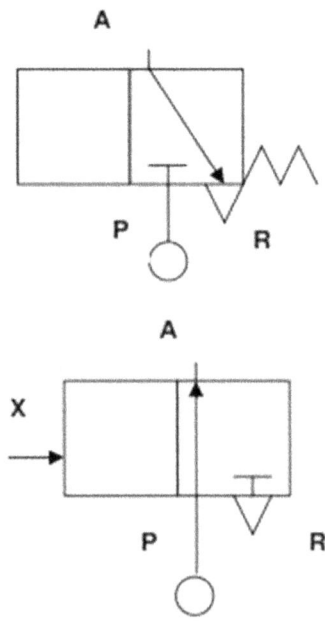

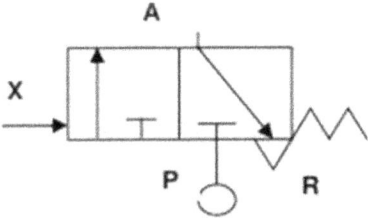

Los paréntesis de la sección de arriba quieren decir que la válvula se puede convertir en normalmente abierta, cambiando P con R.

Su sistema es de corredera. Otro ejemplo es la de abajo, donde la X se ha sustituido por la Z.
Su sistema es de asiento plano.

Válvula 5/2 accionamiento neumático retorno muelle:
En posición de reposo, P está comunicado con B y A con R, mientras S está cerrado.

Al pilotar por X, comunicamos P con A y B con S, quedando R cerrado.

En el momento en que se deja de pilotar por X, la válvula vuelve a su posición inicial debido al muelle.

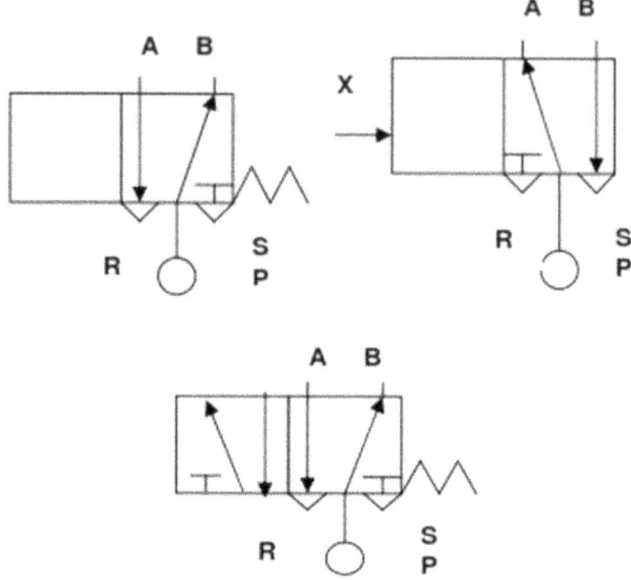

Funcionamiento interior de las válvulas biestables

Las válvulas biestables, de impulsos o memorias solo necesitan un corto impulso de aire para su pilotaje o cambio de posición por medio de las tomas X o Y. Permanece en su posición hasta que no recibe un contraimpulso.

Válvula 3/2 accionamiento y retorno neumático:

Si pilotamos por X la válvula, P se comunica con A y R permanece cerrado. Si pilotamos por Y, P se cierra y A se comunica con R.

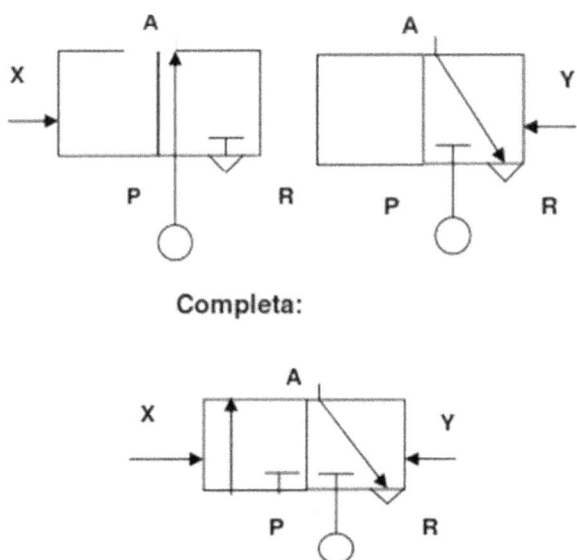

Completa:

Válvula 5/2 accionamiento y retorno neumático:

Si pilotamos por X la válvula, P se comunica con A y B con S, permaneciendo R cerrado. Si pilotamos por Y, P se comunica con B, A se comunica con R y S permanece cerrado. En el ejemplo de la de abajo, hay que sustituir X por Z, siendo su funcionamiento igual.

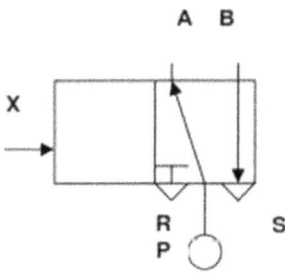

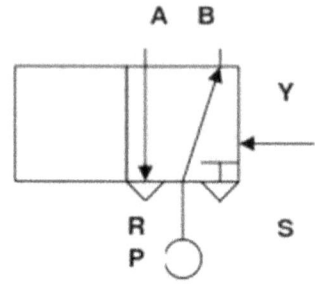

Completa :

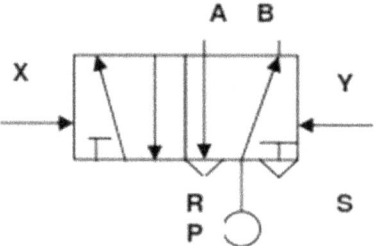

Válvulas de bloqueo

Son elementos que bloquean el paso de caudal preferentemente en un sentido y lo permiten únicamente en el otro. La presión del lado de salida actúa sobre la pieza obturadora y apoya el efecto del cierre hermético de la válvula.

Válvula antirretorno

Permite el paso de fluido solamente en una dirección. La obturación en un sentido puede obtenerse mediante un cono, bola, disco o membrana. Generalmente, el cuerpo de estanqueidad está comprimido por un resorte.

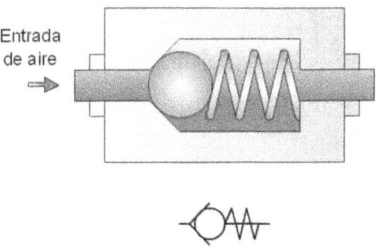

Válvula "O" (OR)

También se le llama selectora o antirretorno doble. Con ella se permite que un mando determinado se pueda realizar desde puntos distintos.

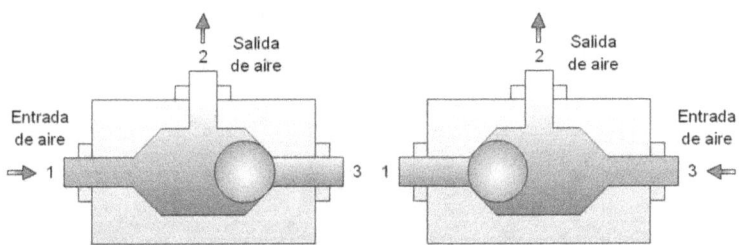

Válvula antirretorno con estrangulación

Esta válvula, también llamada de estrangulación unidireccional, permite el paso estrangulado en una dirección. En esa dirección, se puede variar la sección de paso de cero al diámetro de la válvula. En la otra dirección, la membrana se levanta del asiento y el aire pasa libre. Se utilizan, junto a los cilindros, para variar su velocidad.

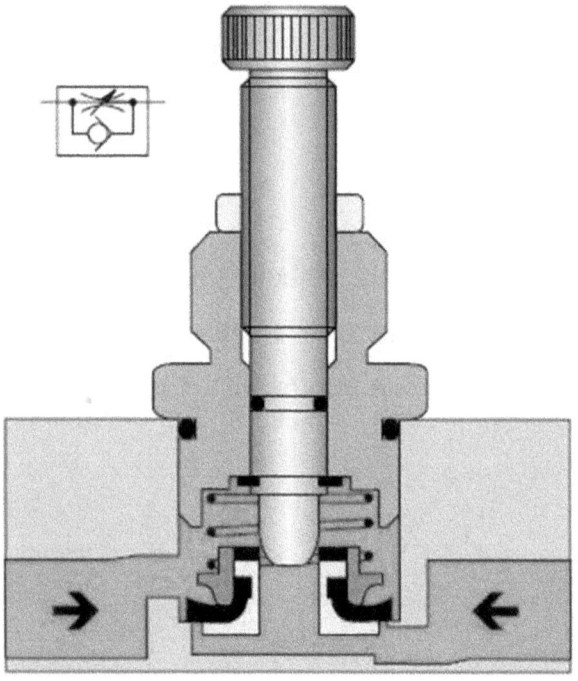

Válvula de escape rápido

Se utiliza para purgar rápidamente el aire de un cilindro, aumentando notablemente su velocidad. Se monta también junto al cilindro.

Si circula aire de P⇒A, la junta de labio cierra a R. Al purgarse el cilindro, la junta cierra el paso hacia P, uniéndose A⇒R.

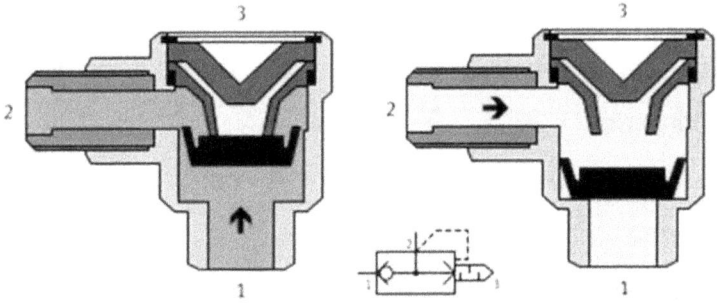

Válvula "Y" (AND)

También recibe el nombre de simultaneidad o dos presiones.

En A solo habrá salida cuando ambas entradas reciban aire. Una única señal bloquea la salida de aire hacia A.

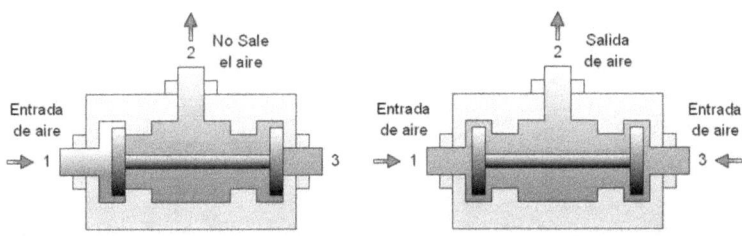

Válvulas de presión

Las principales válvulas de presión son los reguladores de presión.

Su función es mantener constante la presión en el secundario aun existiendo variaciones de presión en el primario.

Los hay con o sin compensación de caudal y con o sin escape.

De entre otras válvulas de presión destacan la limitadora de presión y la de secuencia.

Válvulas de caudal

Influyen en la cantidad de aire circulando. El caudal se regula en ambos sentidos.

Todo estrechamiento de sección transversal, así como las longitudes muy largas, significa resistencia a la corriente y por tanto, considerables pérdidas de presión.

La estrangulación o diafragma puede ser regulable, incorporándose al símbolo una flecha cruzada.

Manual de Neumática 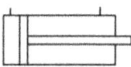 *Ing. Miguel D'Addario*

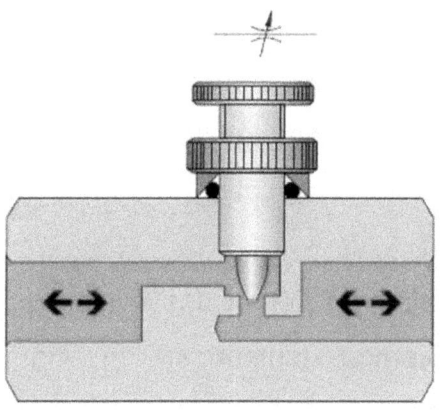

Válvulas de cierre

Son aquellas que abren o cierran el paso de caudal sin escalones.

El paso puede producirse en ambas direcciones.

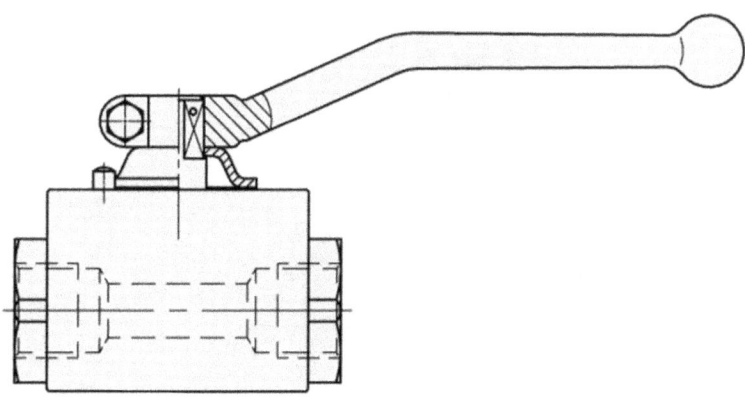

Temporizadores neumáticos

Los temporizadores neumáticos se construyen combinando una estrangulación, un depósito y una válvula de pilotaje neumático.

Fundamentalmente tienen dos misiones: adelantar o atrasar el tiempo (temporizar) en una inversión o, temporizar para generar impulsos.

Manual de Neumática 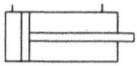 *Ing. Miguel D'Addario*

Temporizador con retardo de activación cerrado en posición de reposo

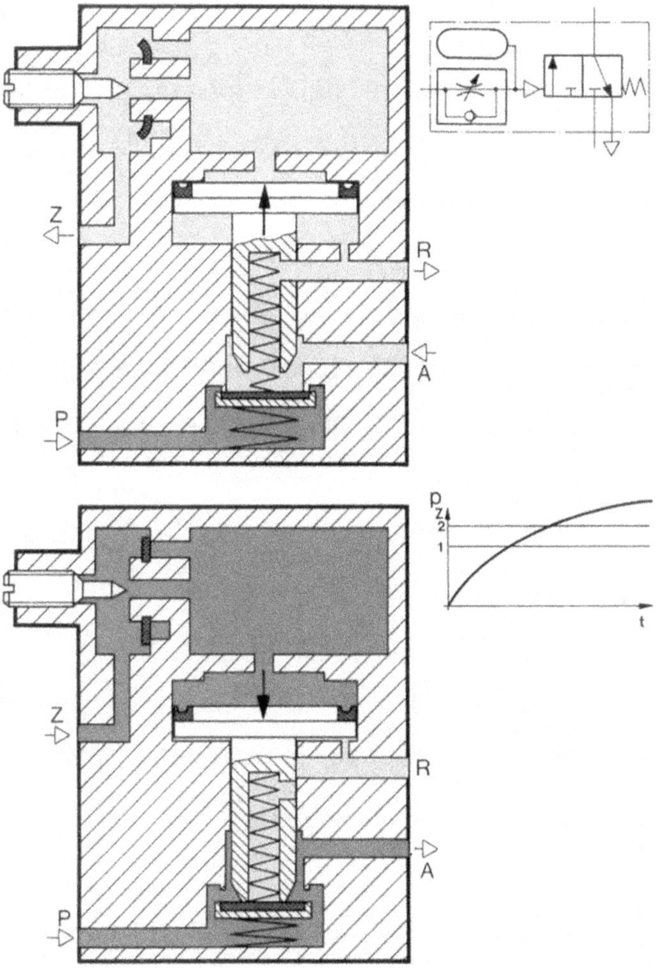

En su posición de reposo, P está cerrado y A⇒R. El aire entra al depósito por el pilotaje X y la estrangulación unidireccional regulable (a través del tornillo).

Al llegar la presión del depósito a un valor determinado, vence la fuerza del muelle, circulando aire de P⇒A, y cerrando R.

Variando la entrada de aire con el tornillo (estrangulación), conseguimos abrir o cerrar más su paso, con lo que retardamos más o menos el tiempo.

Si la válvula la convertimos en abierta en posición de reposo, obtenemos un temporizador con retardo a la activación abierto en posición de reposo.

En su posición de reposo, R está cerrado y P⇒A. Al pilotarse por X, P se cierra y A⇒R.

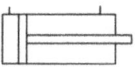

Simbología normalizada

Los sistemas de potencia hidráulicos y neumáticos transmiten y controlan la potencia mediante el empleo de un fluido presurizado (líquido o gas) dentro de un circuito cerrado. Generalmente, los símbolos que se utilizan en los diagramas de circuitos para dichos sistemas son, figuras, de corte y gráficos. Estos símbolos se explican con detalle en el Manual de dibujo Normalizado de los Estados Unidos (USA Standard Drafting Manual). Los símbolos de figuras, resultan muy útiles para mostrar la interconexión de los componentes. Es difícil normalizarlos a partir de una base funcional. Los símbolos de corte, hacen énfasis en la construcción. El dibujo de estos símbolos es complejo y las funciones de los componentes no se aprecian de inmediato. Los símbolos gráficos, hacen énfasis en la función y métodos de operación de los componentes. El dibujo de estos símbolos es sencillo. La función de los componentes y los métodos de operación son obvios. Los símbolos gráficos son capaces de cruzar las barreras lingüísticas y promueven el entendimiento universal de los sistemas hidráulicos y neumáticos. Los símbolos gráficos completos, proporcionan una representación simbólica tanto de los componentes, como de todas las características involucradas en el diagrama del circuito. Los símbolos gráficos compuestos son un conjunto organizado de símbolos completos o simplificados, que usualmente representan un componente complejo. La Norma ANSI Y32. 10 presenta un sistema de símbolos gráficos para sistemas de potencia hidráulicos y neumáticos.

El propósito de esta norma es:

- Proporcionar un sistema de símbolos gráficos para sistemas hidráulicos y neumáticos con fines industriales y educativos.
- Simplificar el diseño, fabricación, análisis y servicio de los circuitos hidráulicos y neumáticos.
- Contar con símbolos gráficos para sistemas hidráulicos y neumáticos que sean reconocidos internacionalmente.

- Promover el entendimiento universal de los sistemas hidráulicos y neumáticos.

Norma UNE-101 149 86 (ISO 1219 1 y ISO 1219 2)

A nivel internacional la norma ISO 1219 1 y ISO 1219 2, que se ha adoptado en España como la norma UNE-101 149 86, se encarga de representar los símbolos que se deben utilizar en los esquemas neumáticos e hidráulicos.

Estas son:

Norma	Descripción
UNE 101-101-85	Gama de presiones.
UNE 101-149-86	Símbolos gráficos.
UNE 101-360-86	Diámetros de los cilindros y de los vástagos de pistón.
UNE 101-362-86	Cilindros gama básica de presiones normales.
UNE 101-363-86	Serie básica de carreras de pistón.
UNE 101-365-86	Cilindros. Medidas y tipos de roscas de los vástagos de pistón.

Para conocer todos los símbolos con detalle, así como la representación de nuevos símbolos deben consultarse las normas al completo.

Designación de conexiones, normas básicas de representación

Las válvulas de regulación y control, se nombran y representan con arreglo a su constitución, de manera que se indica en primer lugar el número de vías (orificios de entrada o salida) y a continuación el número de posiciones.

☐	Una posición.
☐☐	Dos posiciones.
☐☐☐	Tres posiciones.

Por ejemplo:	
Válvula 2/2	Válvula de dos vías y dos posiciones.
Válvula 3/2	Válvula de tres vías y dos posiciones.
Válvula 5/3	Válvula de cinco vías y tres posiciones.
Válvula 4/2	Válvula de cuatro vías y dos posiciones.

Su representación sigue las siguientes reglas:

1.- Cada posición se indica por un cuadrado.

2.- Se indica en cada casilla (cuadrado), las canalizaciones, el sentido del flujo y la situación de las conexiones (vías).

3.- Las vías de las válvulas se dibujan en la posición de reposo.

4.- El desplazamiento a la posición de trabajo se realiza transversalmente, hasta que las canalizaciones coinciden con las vías en la nueva posición.

5.- También se indica el tipo de mando que modifica la posición de la válvula (señal de pilotaje). Puede ser manual, por muelle, por presión.

La norma establece la identificación de los orificios (vías) de las válvulas, debe seguir la siguiente norma: Puede tener una identificación numérica o alfabética.

Manual de Neumática 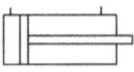 *Ing. Miguel D'Addario*

Designación de conexiones	Letras	Números
Conexiones de trabajo	A, B, C ...	2, 4, 6 ...
Conexión de presión, alimentación de energía	P	1
Escapes, retornos	R, S, T ...	3, 5, 7 ...
Descarga	L	
Conexiones de mando	X, Y, Z ...	10,12,14 ...

Por ejemplo:

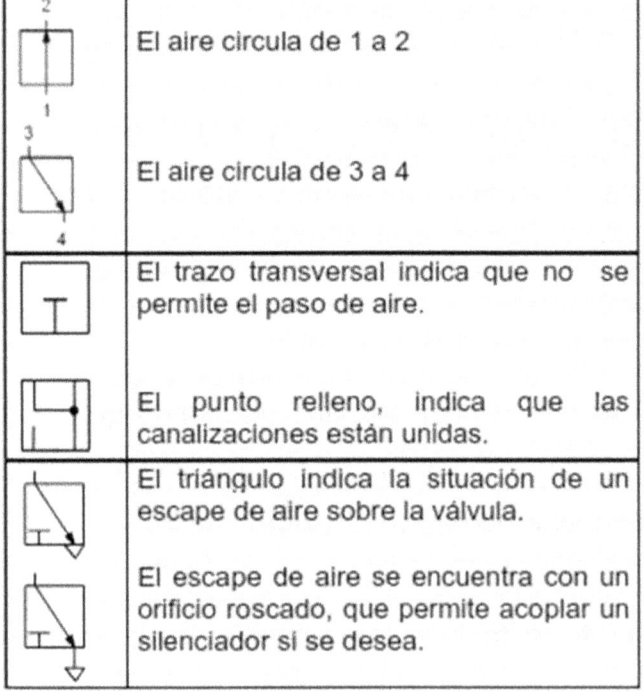

Manual de Neumática 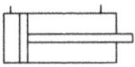 *Ing. Miguel D'Addario*

Válvulas completas:

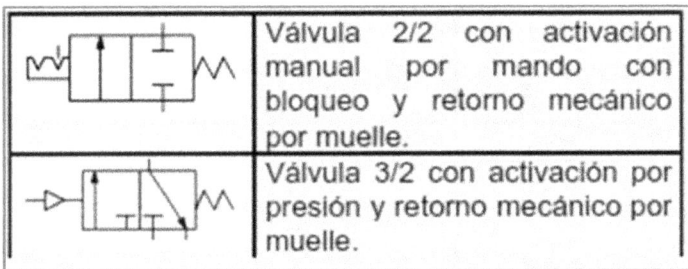

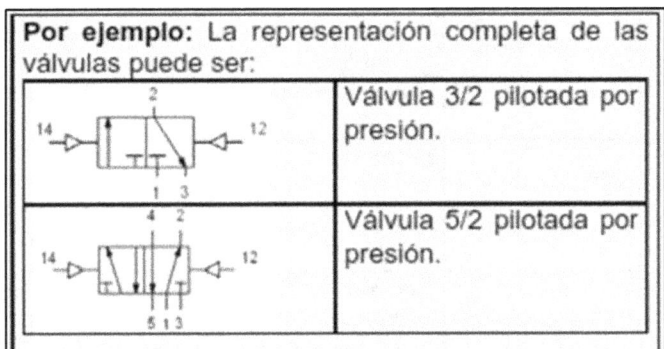

Conexiones e instrumentos de medición y mantenimiento

Para empezar con los símbolos se muestran a continuación como se representan las canalizaciones y los elementos de medición y mantenimiento.

Conexiones	
Símbolo	Descripción
	Unión de tuberías.
	Cruce de tuberías.
	Manguera.
	Acople rotante.
	Línea eléctrica.
	Silenciador.
	Fuente de presión, hidráulica, neumática.
	Conexión de presión cerrada.
	Línea de presión con conexión.
	Acople rápido sin retención, acoplado.
	Acople rápido con retención, acoplado.
	Desacoplado línea abierta.
	Desacoplado línea cerrada.
	Escape sin rosca.
	Escape con rosca.
	Retorno a tanque.

Símbolo	Descripción
	Unidad operacional.
	Unión mecánica, varilla, leva, etc.
M	Motor eléctrico.
M	Motor de combustión interna.

Medición y mantenimiento	
Símbolo	Descripción
	Unidad de mantenimiento, símbolo general.
	Filtro.
	Drenador de condensado, vaciado manual.

	Drenador de condensado, vaciado automático.
	Filtro con drenador de condensado, vaciado automático.
	Filtro con drenador de condensado, vaciado manual.
	Filtro con indicador de acumulación de impurezas.
	Lubricador.
	Secador.
	Separador de neblina.
	Limitador de temperatura.
	Refrigerador.
	Filtro micrónico.
	Manómetro.

	Manómetro diferencial.
	Unidad de mantenimiento, filtro, regulador, lubricador. Gráfico simplificado.
	Válvula de control de presión, regulador de presión de alivio, regulable.
	Combinación de filtro y regulador.
	Combinación de filtro, regulador y lubricador.
	Combinación de filtro, separador de neblina y regulador.
	Termómetro.
	Caudalímetro.
	Medidor volumétrico.
	Indicador óptico. Indicador neumático.
	Sensor.
	Sensor de temperatura.

Manual de Neumática   Ing. Miguel D'Addario

	Sensor de nivel de fluidos.
	Sensor de caudal.

Bombas y compresores

Símbolo	Descripción
	Bomba hidráulica de flujo unidireccional.
	Bomba hidráulica de caudal variable.
	Bomba hidráulica de caudal bidireccional.
	Bomba hidráulica de caudal bidireccional varialbe.
	Mecanismo hidráulico con bomba y motor.
	Compresor para aire comprimido.

Manual de Neumática 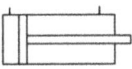 *Ing. Miguel D'Addario*

⬭	**Depósito.** Símbolo general.
⬭▲	**Depósito hidráulico.**
⬭▷	**Depósito neumático.**

Actuadores

Símbolo	Descripción
	Cilindro de simple efecto, retorno por esfuerzos externos.
	Cilindro de simple efecto, retorno por esfuerzos externos.
	Cilindro de simple efecto, retorno por muelle.
	Cilindro de simple efecto, retorno por muelle.
	Cilindro de simple efecto, carrera por resorte (muelle), retorno por presión de aire.
	Cilindro de simple efecto, carrera por resorte (muelle), retorno por presión de aire.

	Cilindro de simple efecto, vástago simple antigiro, carrera por resorte (muelle), retorno por presión de aire.
	Cilindro de simple efecto, vástago simple antigiro, carrera por resorte (muelle), retorno por presión de aire.
	Cilindro de doble efecto, vástago simple.
	Cilindro de doble efecto, vástago simple.
	Cilindro de doble efecto, vástago simple antigiro.
	Cilindro de doble efecto, vástago simple antigiro.
	Cilindro de doble efecto, vástago simple montaje muñón trasero.
	Cilindro de doble efecto, doble vástago.
	Cilindro de doble efecto, doble vástago.

Manual de Neumática 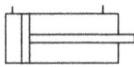 Ing. Miguel D'Addario

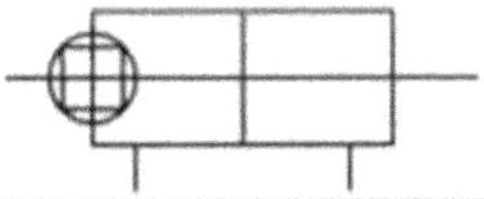	**Cilindro de doble efecto**, doble vástago antigiro.
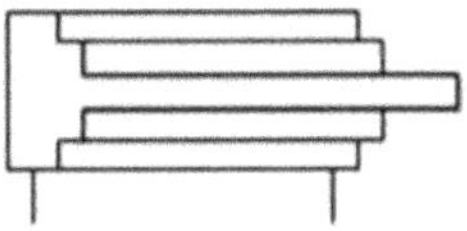	**Cilindro de doble efecto**, vástago telescópico.
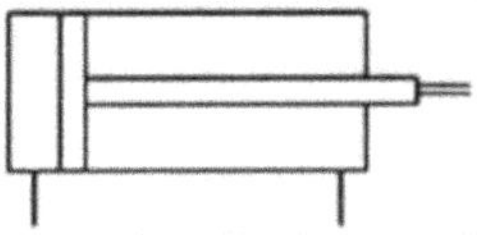	**Cilindro diferencial de doble efecto**.
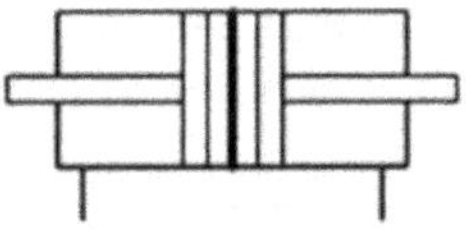	**Cilindro de posición múltiple**.
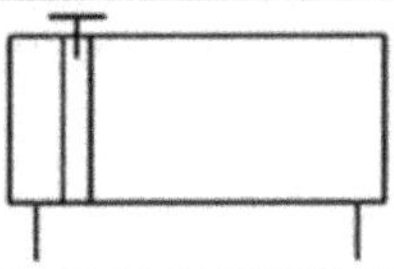	**Cilindro de doble efecto sin vástago**.
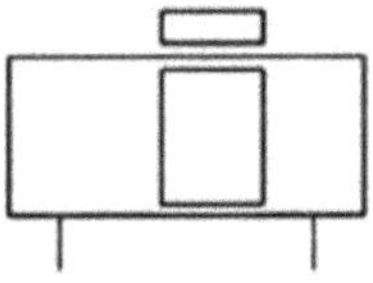	**Cilindro de doble efecto sin vástago**, de arrastre magnético.
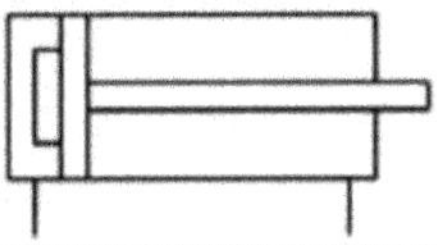	**Cilindro de doble efecto**, con amortiguación final en un lado.
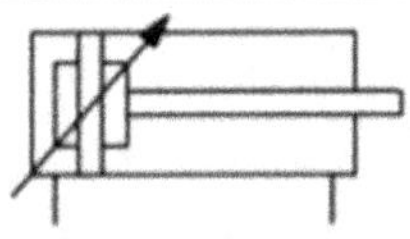	**Cilindro de doble efecto**, con amortiguación ajustable en ambos extremos.
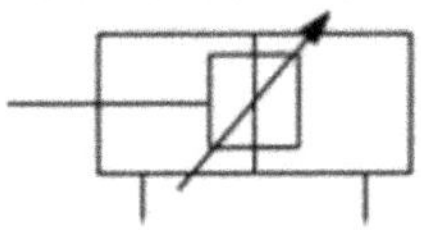	**Cilindro de doble efecto**, con amortiguación ajustable en ambos extremos.

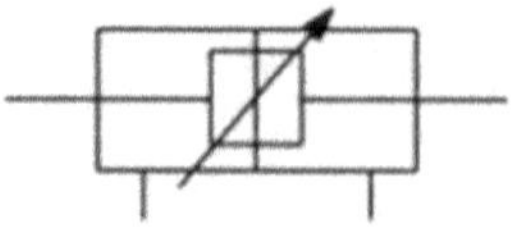	**Cilindro de doble efecto**, con doble vástago, con amortiguación ajustable en ambos extremos.
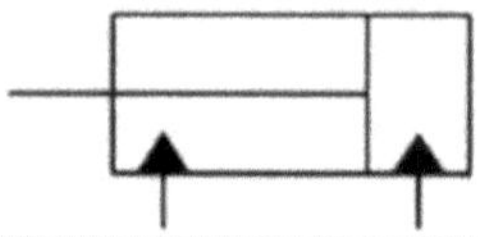	**Cilindro de doble efecto hidroneumático.** Hidráulico.
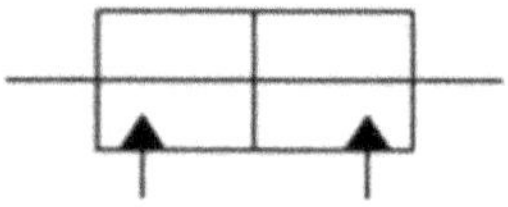	**Cilindro de doble efecto**, con doble vástago hidroneumático. Hidráulico.
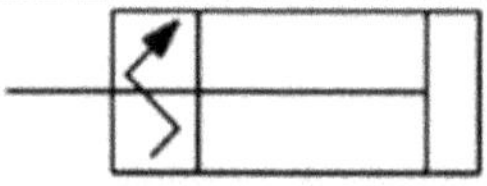	**Cilindro con lectura de carrera.** Vástago simple.
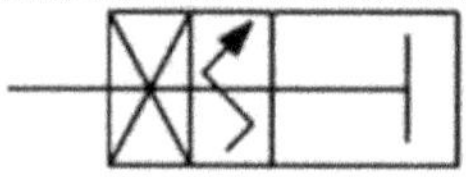	**Cilindro con lectura de carrera, con freno.** Vástago simple.
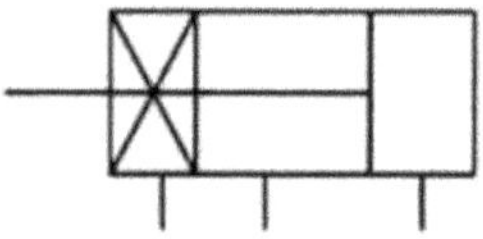	**Cilindro de doble efecto**, con bloqueo, vástago simple.
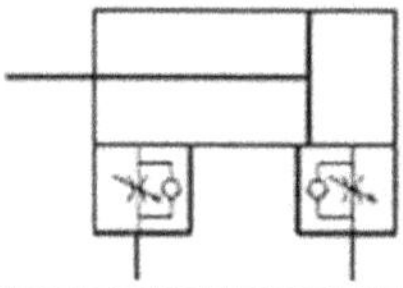	**Cilindro de doble efecto**, con regulador de caudal integrado, vástago simple.
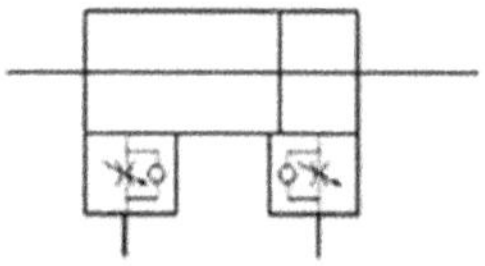	**Cilindro de doble efecto**, con regulador de caudal integrado, doble vástago.
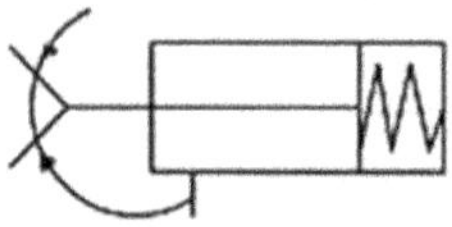	**Pinza de apertura angular de simple efecto.**

	Pinza de apertura paralela de simple efecto.
	Pinza de apertura angular de doble efecto.
	Pinza de apertura paralela de doble efecto.
	Multiplicador de presión mismo medio.
	Multiplicador de presión para distintos medios.
	Transductor para distintos medios.
	Motor neumático 1 sentido de giro.
	Motor neumático 2 sentidos de giro.
	Cilindro basculante 2 sentidos de giro.

Símbolo	Descripción
	Motor hidráulico 1 sentido de giro.
	Motor hidráulico 2 sentidos de giro.
	Cilindro hidráulico basculante 1 sentido de giro, retorno por muelle.
	Bomba/motor hidráulico regulable.

Válvulas direccionales

Símbolo	Descripción
	Válvula 2/2 en posición normalmente cerrada.
	Válvula 2/2 en posición normalmente abierta.
	Válvula 2/2 de asiento en posición normalmente cerrada.

(símbolo válvula 2/2)	Válvula 2/2 de asiento en posición normalmente cerrada.
(símbolo válvula 3/2 NC)	Válvula 3/2 en posición normalmente cerrada.
(símbolo válvula 3/2 NA)	Válvula 3/2 en posición normalmente abierta.
(símbolo válvula 4/2)	Válvula 4/2.
(símbolo válvula 4/2)	Válvula 4/2.
(símbolo válvula 4/2 NC)	Válvula 4/2 en posición normalmente cerrada.
(símbolo válvula 3/3)	Válvula 3/3 en posición neutra normalmente cerrada.

Manual de Neumática 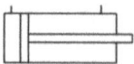 *Ing. Miguel D'Addario*

Símbolo	Descripción
(4/3 válvula, posición neutra cerrada)	Válvula 4/3 en posición neutra normalmente cerrada.
(4/3 válvula, neutra escape)	Válvula 4/3 en posición neutra escape.
(4/3 válvula, central con circulación)	Válvula 4/3 en posición central con circulación.
(5/2 válvula)	Válvula 5/2.
(5/3 válvula, normalmente cerrada)	Válvula 5/3 en posición normalmente cerrada.
(5/3 válvula, normalmente abierta)	Válvula 5/3 en posición normalmente abierta.
(5/3 válvula, escape)	Válvula 5/3 en posición de escape.

Accionamientos

En una misma válvula pueden aparecer varios de estos símbolos, también se les conoce con el nombre de elementos de pilotaje.

Los esquemas básicos de los símbolos son:

Símbolo	Descripción
	Mando manual en general, pulsador.
	Botón pulsador, seta, control manual.
	Mando por palanca, control manual.
	Mando por pedal, control manual.
	Mando por llave, control manual.
	Mando con bloqueo, control manual.
	Muelle, control mecánico.
	Palpador, control mecánico en general.

Manual de Neumática 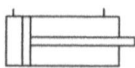 Ing. Miguel D'Addario

	Rodillo palpador, control mecánico.
	Rodillo escamoteable, accionamiento en un sentido, control mecánico.
	Mando electromagnético con una bobina.
	Mando electromagnético con dos bobinas actuando de forma opuesta.
	Control combinado por electroválvula y válvula de pilotaje.
	Mando por presión. Con válvula de pilotaje neumático.

	Presurizado neumático.
	Pilotaje hidráulico. Con válvula de pilotaje.
	Pilotaje hidráulico. Con válvula de pilotaje.
	Presurizado hidráulico.

Válvulas de bloqueo, flujo y presión

Símbolo	Descripción
	Válvula de cierre.
	Válvula de bloqueo (antirretorno).
	Válvula de retención pilotada. Pe > Pa -> Cierre.
	Válvula de retención pilotada. Pa > Pe -> Cierre.
	Válvula O (OR). Selector.
	Válvula de escape rápido. Válvula antirretorno.
	Válvula de escape rápido, Válvula antirretorno, doble efecto con silenciador.
	Válvula Y (AND).
	Orificio calibrado. El primer símbolo es fijo, el segundo regulable.
	Estrangulación. El primer símbolo es fijo, el segundo regulable.
	Válvula estranguladora unidireccional a diafragma.
	Válvula estranguladora unidireccional. Válvula antirretorno de regulación regulable en un sentido

	Válvula estranguladora doble, antirretorno con regulador de caudal doble con conexión instantánea.
	Válvula estranguladora de caudal de dos vías.
	Distribución de caudal.
	Eyector de vacío. Válvula de soplado de vacío.
	Eyector de vacío. Válvula de soplado de vacío con silenciador incorporado.
	Válvula limitadora de presión.
	Válvula limitadora de presión pilotada.
	Válvula de secuencia por presión.
	Válvula reguladora de presión de dos vías. (reductora de presión).
	Válvula reguladora de presión de tres vías. (reductora de presión).
	Multiplicador de presión neumático. Accionamiento manual.
	Presostato neumático.

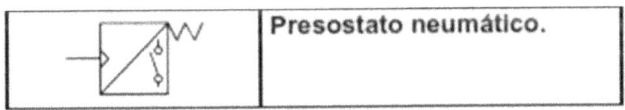

Otros elementos

Existen otros símbolos que no se encuentran representados en la norma pero que también se utilizan con frecuencia. A continuación pueden verse algunos de ellos.

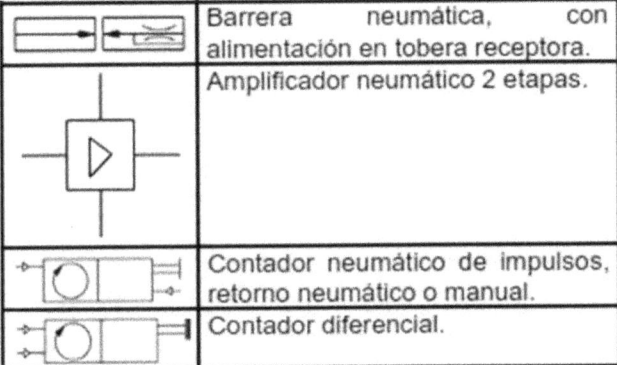

Líneas

Línea sólida - Principal	Línea interrumpida - Piloto
Línea punteada - Escape o línea de drenaje	Línea de centros – Bloques o conjuntos
Líneas cruzadas (no es necesario hacer la intersección en un ángulo de 90°)	Unión de líneas
Línea flexible	Flechas (cualquier flecha que cruza un símbolo a 45° indica ajuste o regulación)

Motor eléctrico

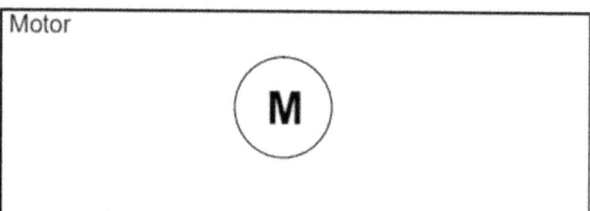

Motores

Motor unidireccional de desplazamiento constante	Motor bidireccional de desplazamiento constante
Motor unidireccional de desplazamiento variable	Motor bidireccional de desplazamiento variable

Manual de Neumática 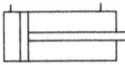 Ing. Miguel D'Addario

Bombas

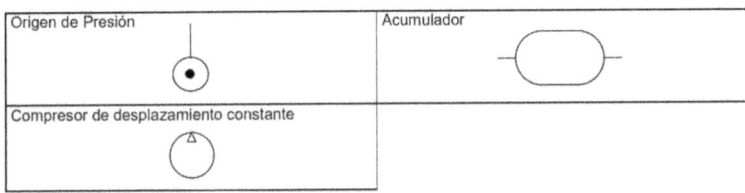

Compresores

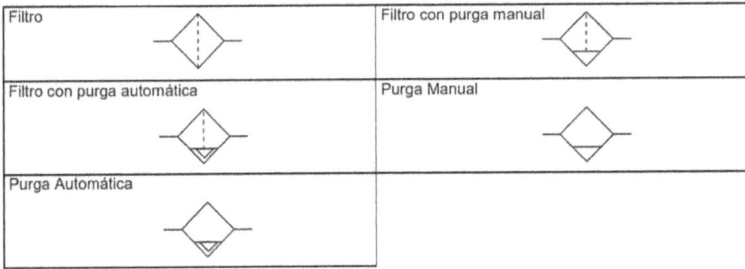

Filtros

Filtro		Filtro con purga manual	
Filtro con purga automática		Purga Manual	
Purga Automática			

Lubricador

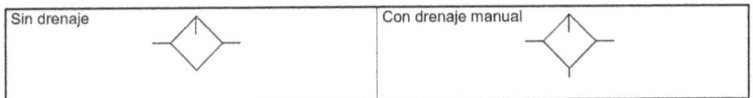

Manual de Neumática 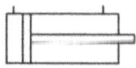 *Ing. Miguel D'Addario*

Filtro regulador lubricador (FLR)

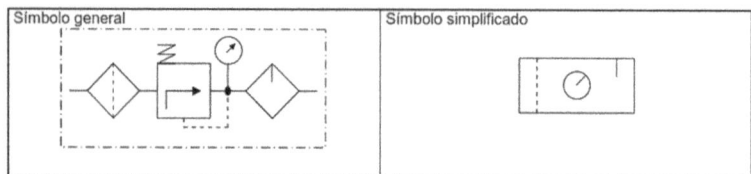

Acumuladores

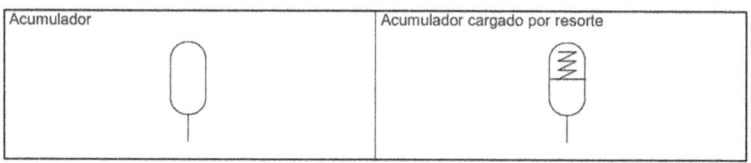

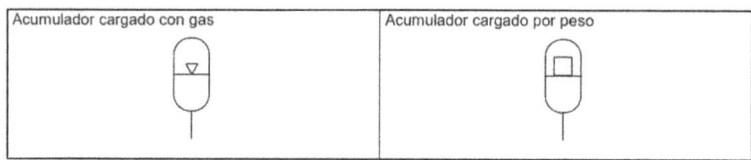

Estanques

Tanque ventilado	Tanque presurizado
⊔	▭

Válvulas (letras identificatorias)

Vías de trabajo	Vía de presión
A, B, C,...	P
Vía de retorno	Vías de pilotaje
T, R	X, Y, Z

Activadores de válvulas eléctricos

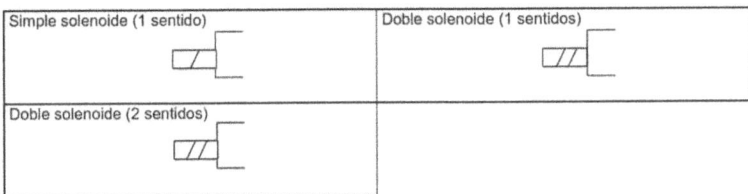

Activadores de válvulas

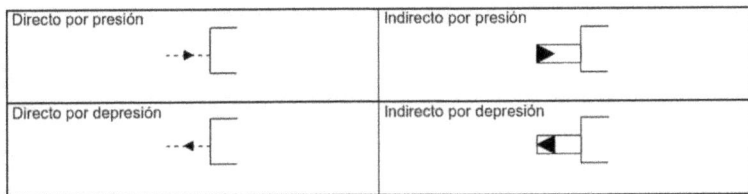

Instrumentos y accesorios

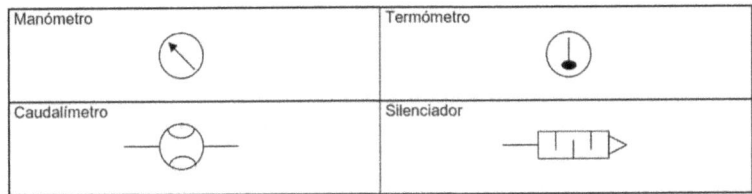

Ejercicios

Dibujar el símbolo según la descripción:

Compresor de aire	Motor neumático de un sentido de giro
Cilindro de simple efecto con retorno por muelle	Válvula 3/2 normalmente cerrada, activa por pulsador y retorno por muelle
Válvula "O"	Unidad de mantenimiento

Indicar el nombre del símbolo correspondiente:

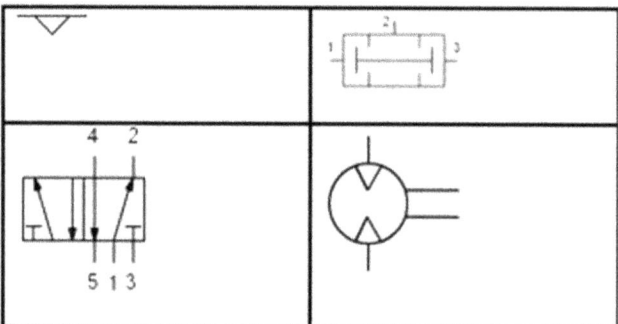

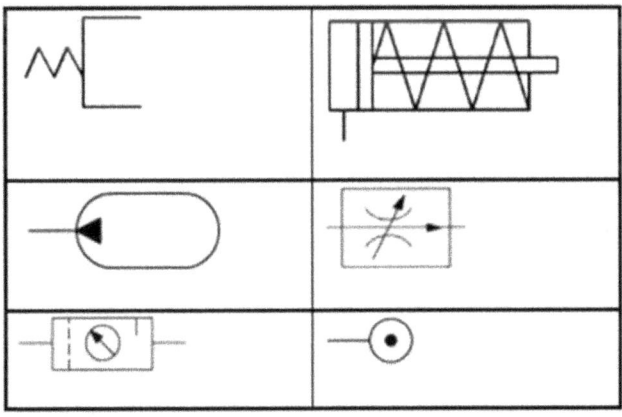

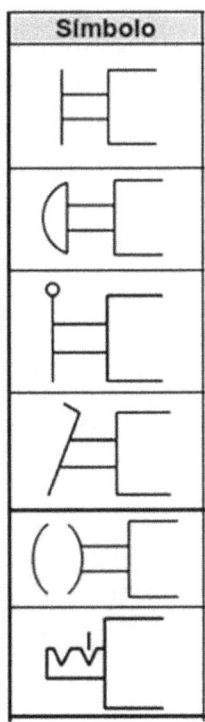

Análisis y diseño de circuitos neumáticos

Funcionamiento de circuitos

El concepto de equipo neumático, comprende la totalidad de los elementos de mando y de trabajo unidos entre sí por tuberías. Los elementos de trabajo, denominados también como órganos motrices, son los que transforman la energía neumática. Esto es, los elementos de trabajo son los distintos tipos de actuadores ya analizados. Los elementos de mando, son los procesadores de información y se clasifican en:

- Órganos de regulación.
- Elementos de mando.
- Emisores de señal.

Los primeros gobiernan los elementos de trabajo.

Los segundos, comandan los anteriores y los emisores de señal detectan cuando deben actuar los elementos de mando.

Para explicar el funcionamiento de los distintos componentes hidráulicos y/o neumáticos, es indispensable relacionarlos entre sí.

Manual de Neumática 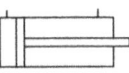 *Ing. Miguel D'Addario*

Accionamiento de un cilindro simple efecto

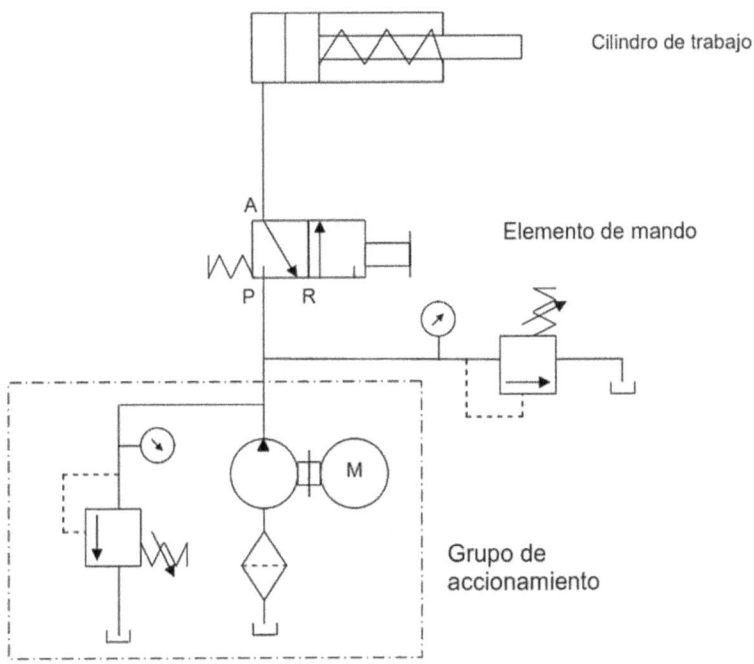

En este circuito, el grupo de accionamiento compuesto por la bomba, un filtro a la entrada y la válvula limitadora de presión, entrega la señal a la válvula distribuidora 3/2, normalmente cerrada, retorno por resorte y de accionamiento manual, cuando es accionada, entrega la señal al cilindro unidireccional con lo que su pistón empieza la carrera de salida, en el momento en que deja de accionarse la válvula distribuidora la presión a que estaba sometido el cilindro es liberada a tanque con lo que el resorte interno del cilindro provoca la carrera de entrada del pistón. Este circuito cuenta con una válvula de seguridad adicional utilizada para mantener en el circuito una presión menor que la que soporta la bomba.

Accionamiento de cilindro simple efecto neumático

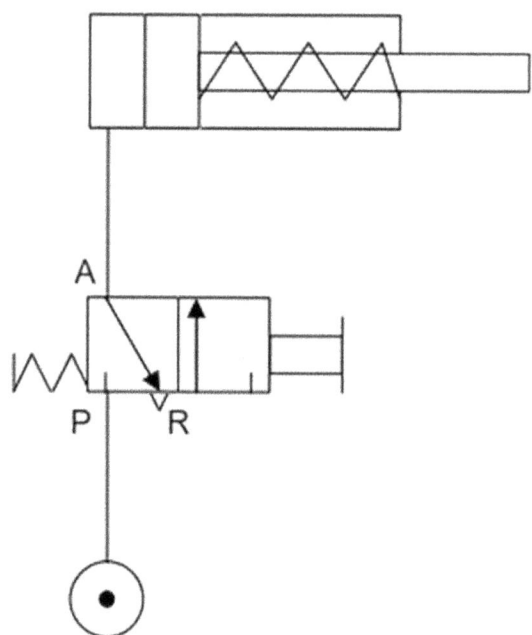

Este circuito es similar al anterior, con algunas diferencias básicas, en lugar de bomba tiene un compresor y no cuenta con válvulas limitadoras de presión, su operación es igual al anterior.

Accionamiento de cilindro doble efecto

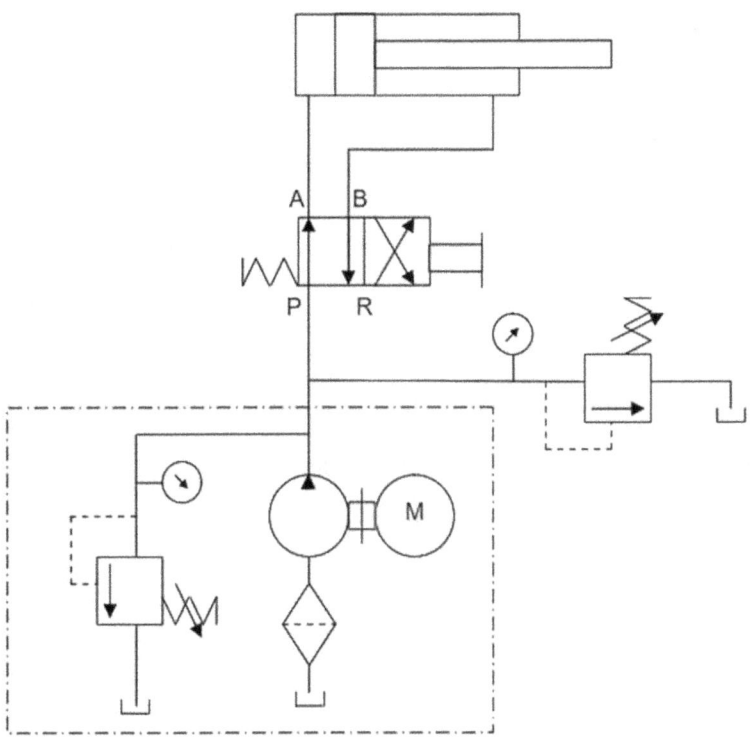

El grupo de accionamiento es básico en cualquier circuito hidráulico, en este circuito también se puede ver una válvula de seguridad, luego del grupo de accionamiento la señal llega a una válvula distribuidora 4/2 de accionamiento manual y centrada por resorte, en su posición de reposo, que es donde se encuentran las letras indicadoras de las diferentes vías, la señal pasa de P a A, con lo que el pistón debe estar totalmente afuera, mientras que el retorno al tanque se produce a través de la misma válvula pero por la vía B – R.

Al accionar el mando de la válvula distribuidora esta queda en posición de flechas cruzadas, con lo que se conectan P – B y A – R, y la señal llega al cilindro por la cámara anular lo que hace entrar al pistón, este movimiento empuja al aceite de la cámara principal a través de la vía A – R, derivándolo a tanque.

Accionamiento de cilindro doble efecto neumático

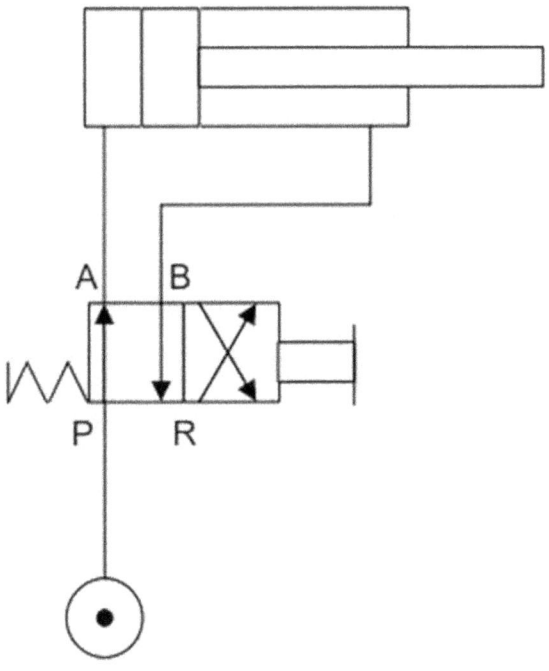

El funcionamiento de este circuito es igual que el anterior, con la sola diferencia que se cambia la bomba por un compresor y el aceite por aire comprimido.

Regulación de la velocidad de avance de un cilindro

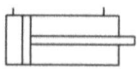

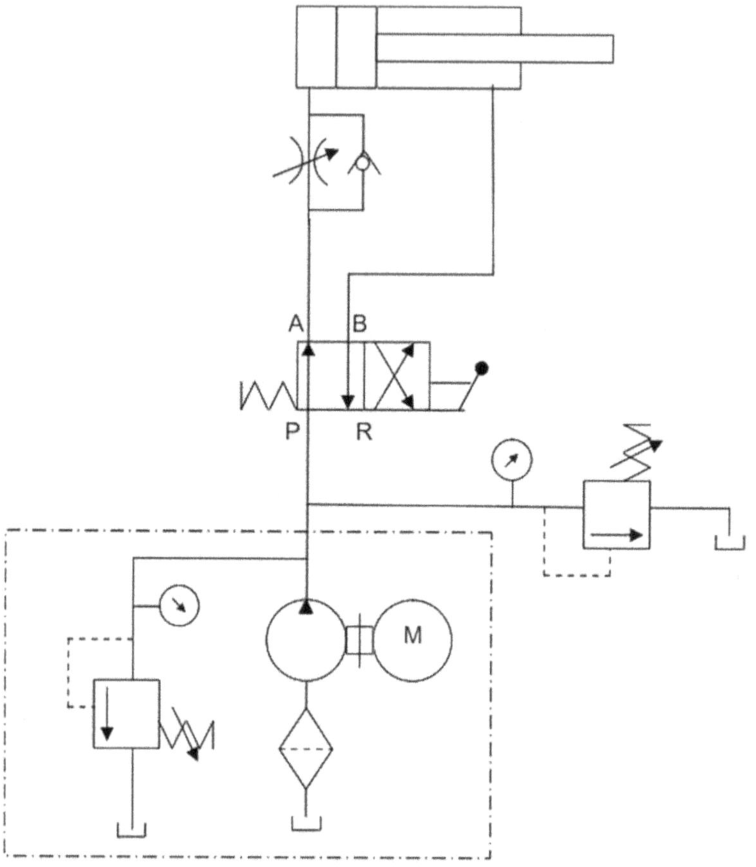

La señal pasa por la válvula distribuidora, accionada por palanca, en su posición de reposo, flechas paralelas, desde P a A, al llegar a la válvula reguladora de flujo, intenta pasarla por la válvula unidireccional pero empuja la esfera contra su asiento (puede ser un disco) bloqueando su paso, por lo que solo puede pasar a través de la válvula reguladora de caudal ajustable, lo que provoca una disminución en la velocidad del flujo y por ende una salida suave del pistón. Al accionar la palanca, la válvula distribuidora cambia a la posición de flechas cruzadas, con lo que la señal llega a la cámara anular, y el aceite al abandonar la cámara principal llega a la válvula reguladora de caudal, encontrando la restricción normal a su paso, por lo que busca un paso de menor dificultad y lo encuentra en la válvula unidireccional, lo que permite que el retorno del pistón sea rápido, el aceite se va a retorno por la vía A – R. Al soltar la palanca el cilindro vuelve a salir suavemente, la velocidad de salida se controla ajustando la válvula reguladora de caudal.

Regulación de la velocidad de entrada del vástago
a)
Este circuito es igual al anterior con la sola diferencia que la válvula unidireccional está invertida, lo que permite que el avance del pistón sea rápida, la

entrada del vástago es lenta debido a que cuando el aceite sale de la cámara principal no puede pasar por la válvula unidireccional siendo forzado su paso por la reguladora de flujo lo que restringe la salida del aceite hacia el retorno.

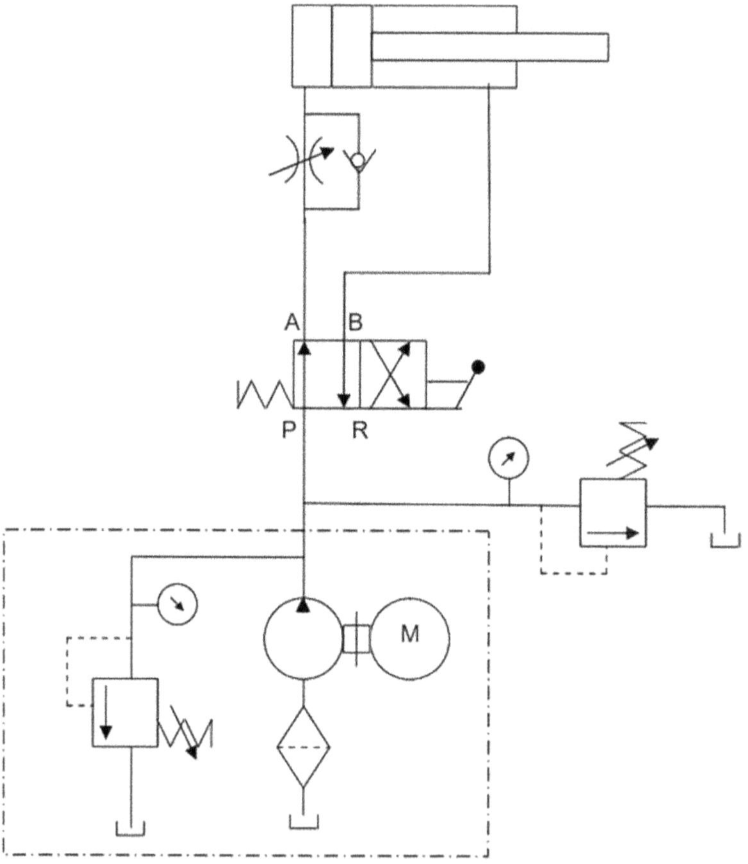

b)

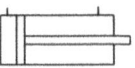

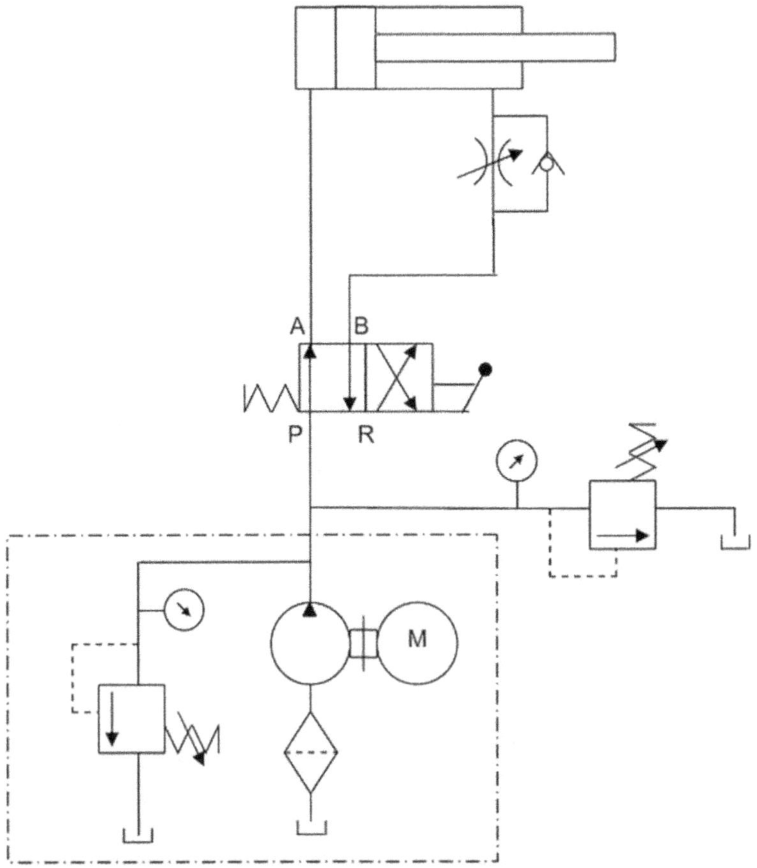

En este caso se cambia de ubicación el conjunto formado por la válvula reguladora de caudal y la unidireccional, en la carrera de avance del vástago, la señal entra a la cámara principal sin tener restricción alguna, y la salida del aceite de la cámara anular es también sin restricción debido a que pasa por la válvula unidireccional. En la carrera de entrada del vástago, la señal, para entrar a la cámara anular, debe pasar por la reguladora de caudal ya que se bloquea la válvula unidireccional, esto genera una restricción al paso del aceite con lo que la entrada del vástago es lenta.

Accionamiento de cilindro doble efecto; dejando el vástago afuera antes de que se retraiga

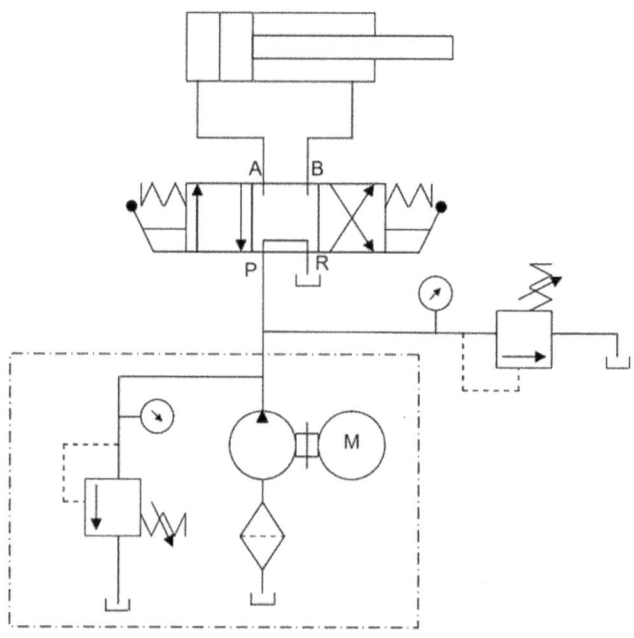

Esto se logra utilizando una válvula direccional de tres posiciones, la que está representada es una 4/3, de centro en tándem, accionada por palancas y centrada por muelles.

En posición de reposo de la válvula, esta se encuentra en la posición central, con la señal entrando por P y saliendo inmediatamente por R a tanque.

Al accionar la palanca de tal forma de dejar las flechas paralelas en posición de trabajo se logra que el vástago salga, al soltar la palanca el vástago se detiene quedando inmóvil hasta que se vuelva a accionar la misma palanca o la otra, si esto último sucede el vástago empieza a entrar.

El operador controla la carrera y la posición en que desea dejar el actuador, este queda trabado pues tanto A como B quedan bloqueadas.

Accionamiento de cilindro simple y doble efecto, salida simultánea

Esto se logra conectando ambas cámaras principales a la salida A de la válvula distribuidora.

Manual de Neumática 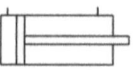 *Ing. Miguel D'Addario*

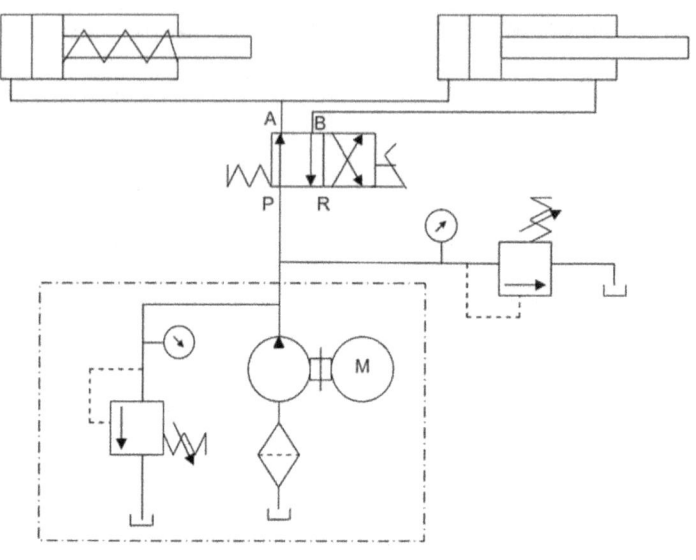

Accionamiento cilindros doble efecto; salida y entrada en forma simultánea

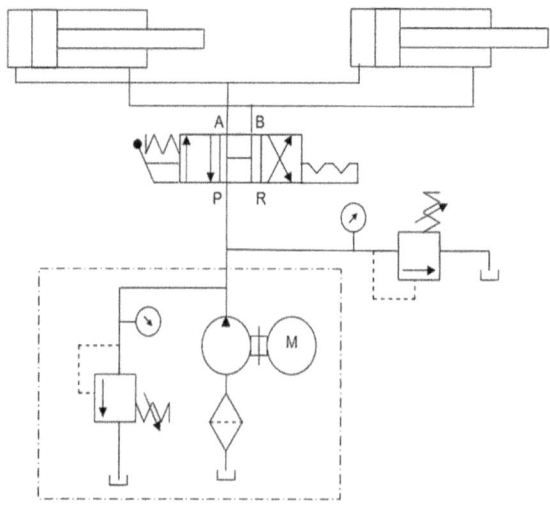

Ejercicios

Accionar cilindro doble efecto neumático, de dos zonas distintas, de tal forma que al completar la carrera positiva, permanezca en esa posición unos segundos y posteriormente se haga retroceder el vástago.

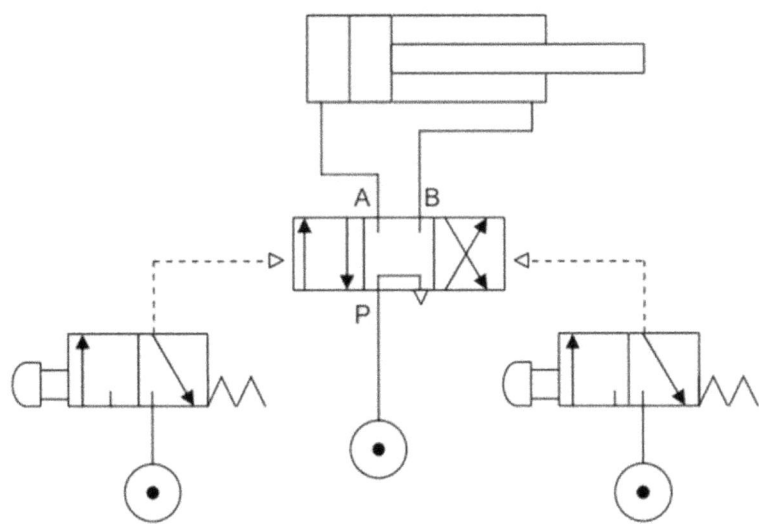

Diseñar un circuito con dos cilindros y que ambas carreras se realicen en forma simultánea, pero la carrera positiva de B, deberá comenzar cuando se haya alcanzado un cierto nivel de presión en la línea de alimentación, luego la carrera negativa se realizará a igual velocidad.

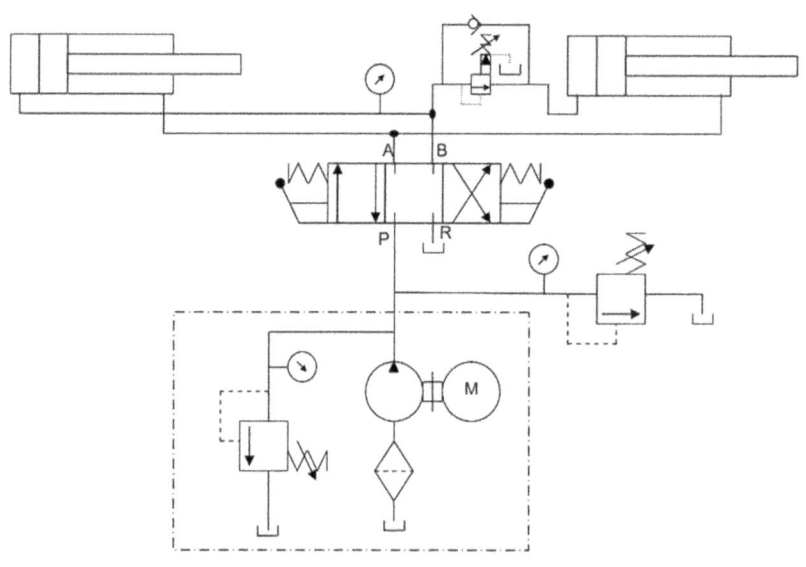

Se tiene un sistema con un cilindro doble efecto, y se requiere que realice éste su carrera positiva y se retraiga inmediatamente.

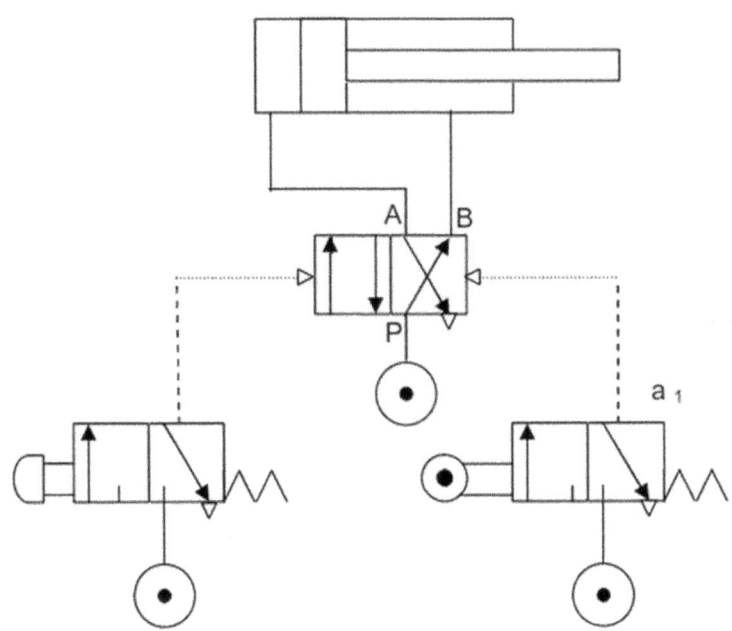

Se tiene un sistema compuesto por dos cilindros doble efecto A y B que deben desarrollar sus carreras de la siguiente manera A (+) – B (+) – A (-) – B (-).

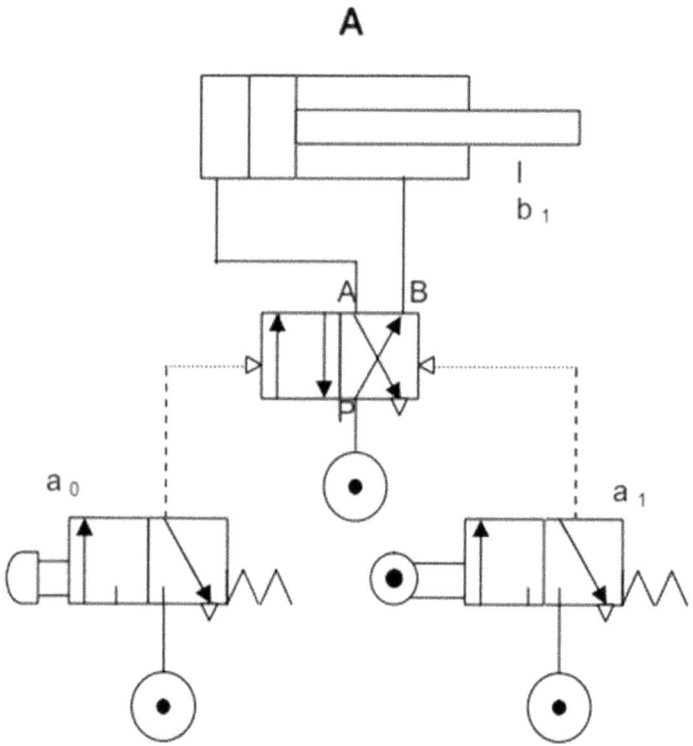

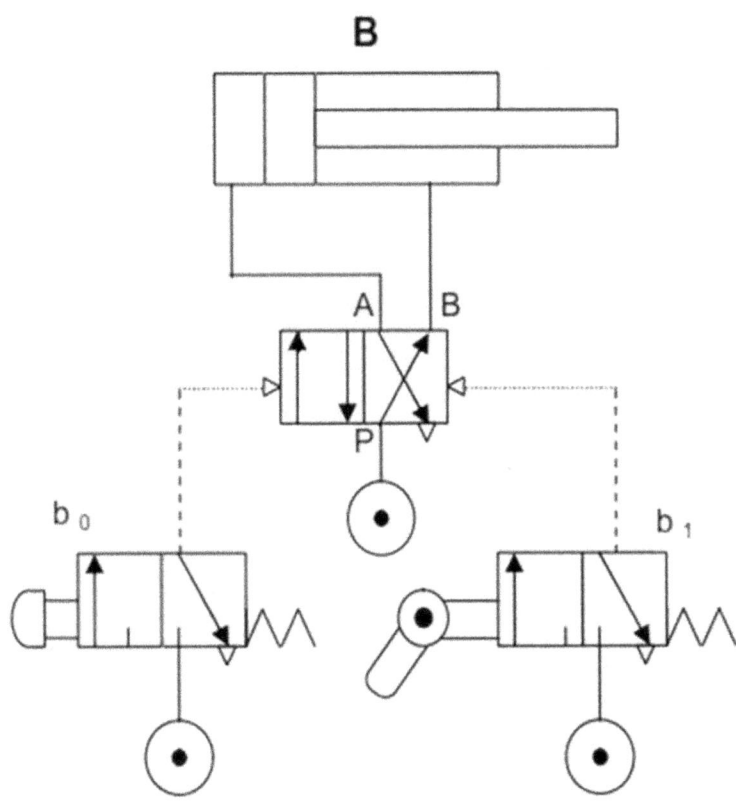

Se tiene un sistema compuesto por dos cilindros doble efecto A y B y se requiere que realicen el trabajo de la siguiente manera A (+) – B (+) – B (-) – A (-). Pero se requiere que la carrera positiva de B se realice luego que se haya alcanzado cierto nivel de presión en la cámara mayor del cilindro A.

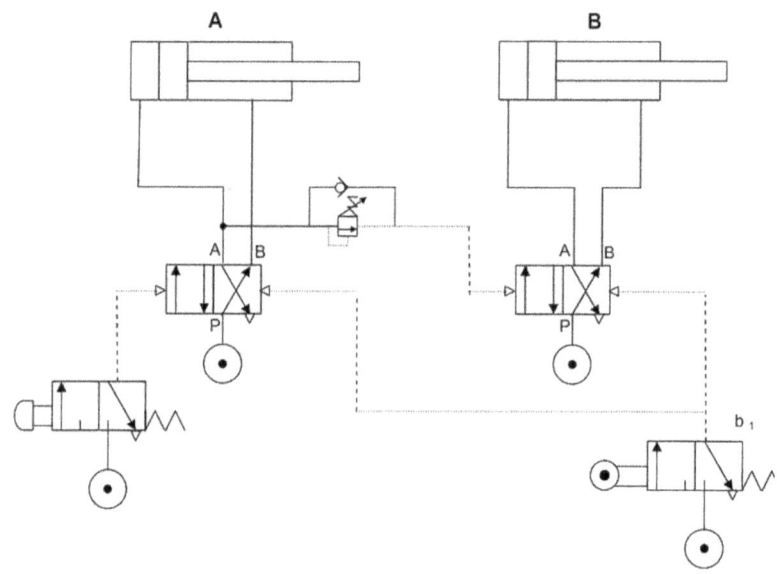

Manual de Neumática 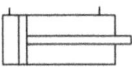 *Ing. Miguel D'Addario*

Se tiene un sistema neumático compuesto por dos cilindros doble efecto, que deben realizar su trabajo de la siguiente forma A (+), después de 5 segundos B (+), después de 10 segundos de B (+) – A (-) y finalmente B (-).

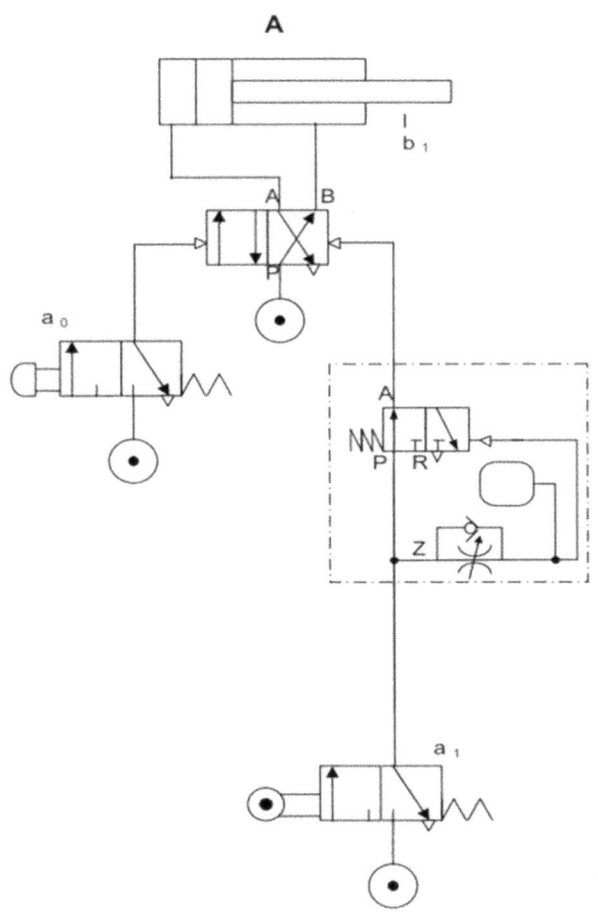

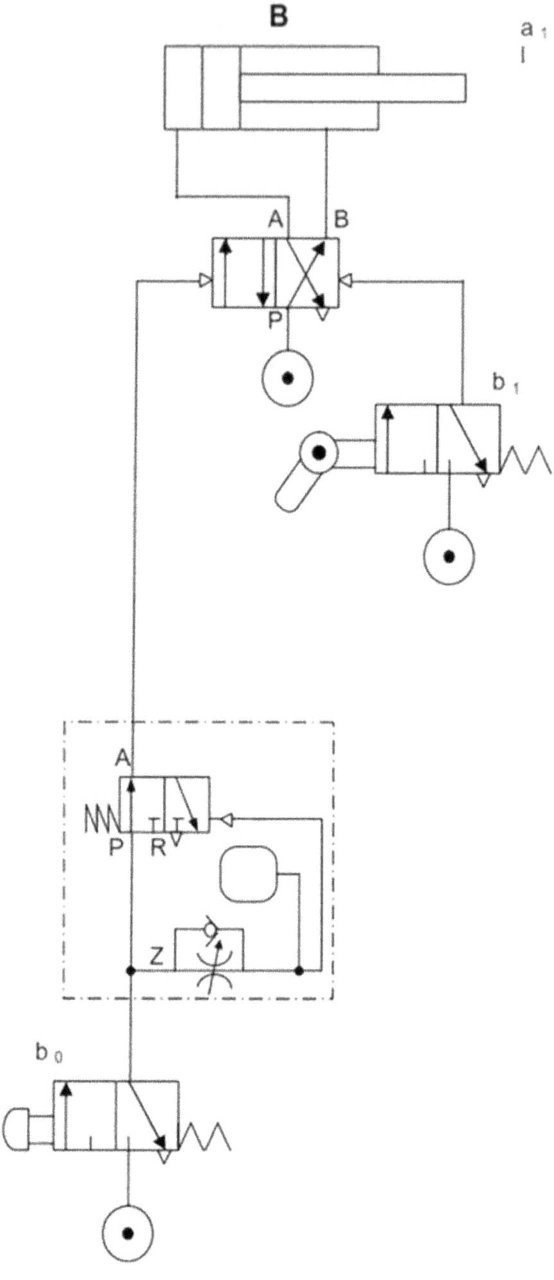

Manual de Neumática 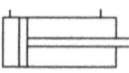 *Ing. Miguel D'Addario*

Enumeración de las cadenas de mando

Cilindros

Se designan con las letras mayúsculas:

$$A, B, C, D, E...$$

Válvulas principales

$$a, b, c, d, e...$$

Válvulas secundarias

$$a_1, a_2, a_3... b_1, b_2, b_3... c_1, c_2, c_3...$$

Diagramas

Se pueden representar los procesos y estados de los elementos de trabajo en función de orden cronológico de las fases, o bien el orden de estas fases, pero teniendo en cuenta el tiempo que tarda en realizar cada uno de ellos.

Diagrama Espacio - Fase

Sobre dos ejes de coordenadas se representan:

1.- en el eje de abscisas las fases.

2.- en el eje de las ordenadas la longitud de la carrera.

Si en el circuito intervienen más de un cilindro, se trazan los diagramas correspondientes a cada uno de ellos, uno debajo del otro, atendiendo al orden de funcionamiento, con lo que es posible ver fácilmente la posición de los cilindros en cada fase.

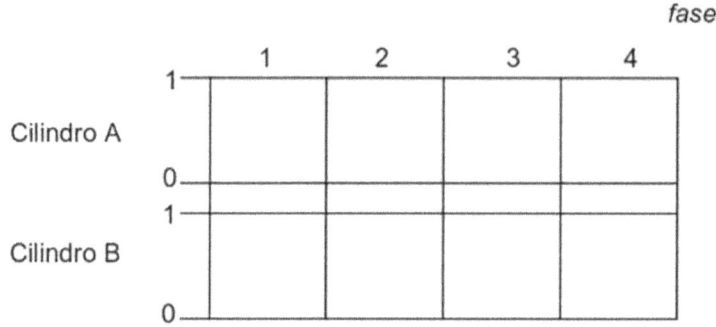

Ejemplo:

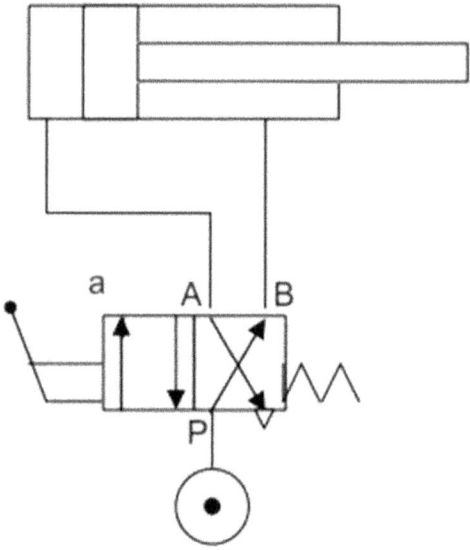

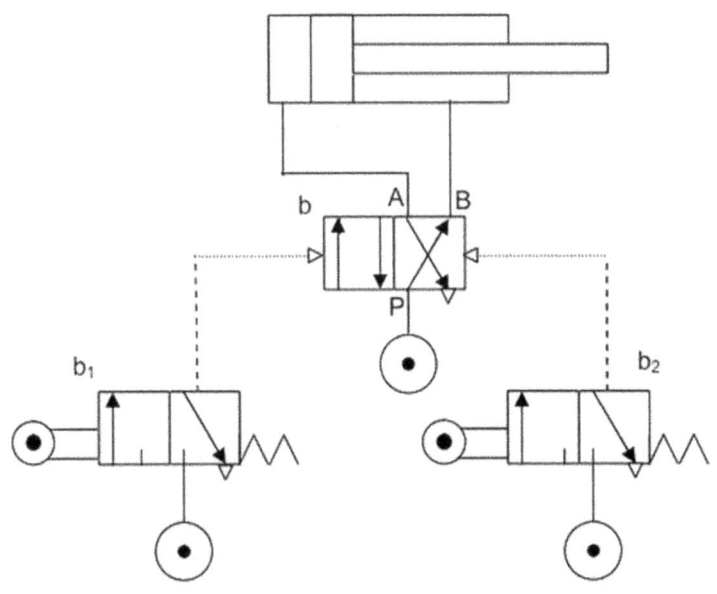

Diagrama Espacio - Fase

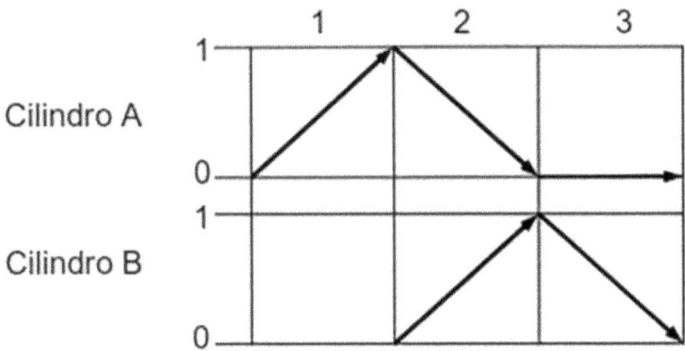

Diagrama Espacio – Tiempo

Se efectúa de manera igual al anterior, pero arcando las fases de acuerdo con el tiempo que tardan en realizarse.

Las líneas que representan el desplazamiento de los cilindros tendrán su inclinación en función de la velocidad.

Ejemplo

Se forma un sistema hidráulico, conformado por dos cilindros, y se requiere que el cilindro A extienda su vástago en 2 segundos y lo retraiga en 3 segundos.

Además el cilindro B debe realizar su salida en el momento y durante el mismo tiempo que se retrae A, el retroceso de B se hará en 1 segundo.

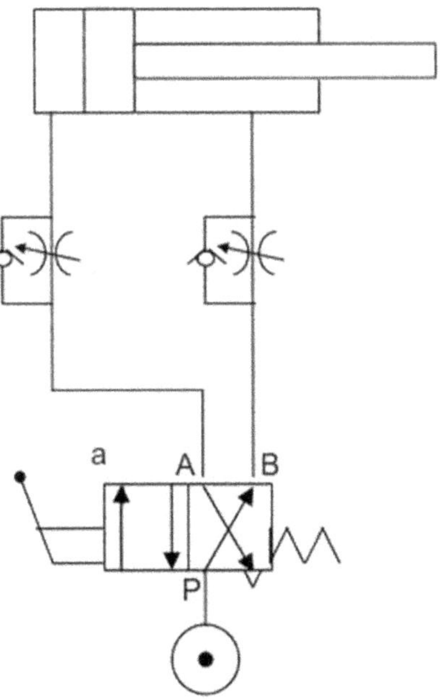

Manual de Neumática 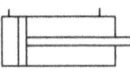 *Ing. Miguel D'Addario*

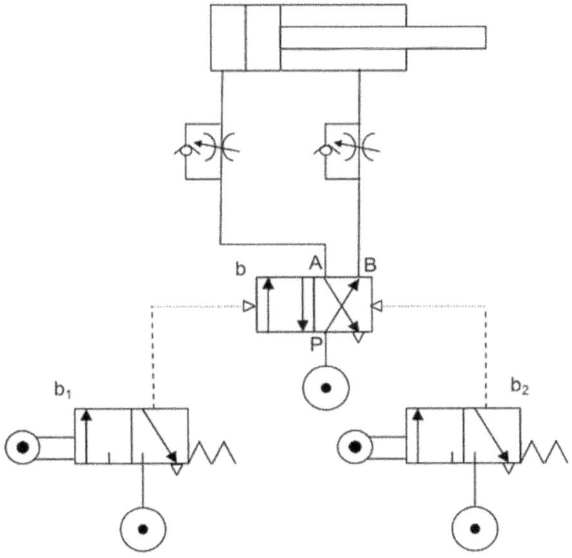

Manual de Neumática 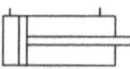 *Ing. Miguel D'Addario*

Diagrama Espacio - Tiempo

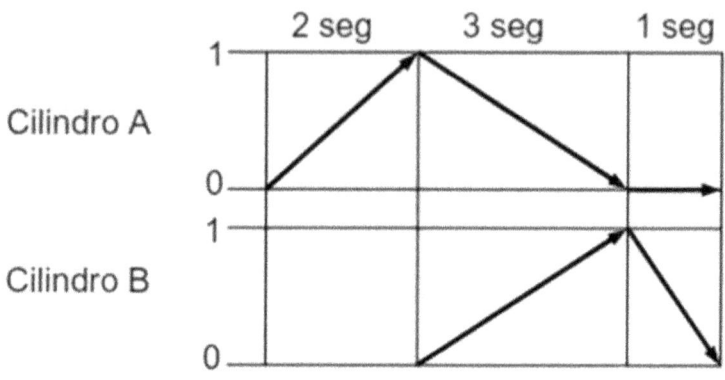

Fallos comunes en neumática

Los sistemas neumáticos no requieren de un trabajo extremadamente complejo para su mantenimiento y conservación, puesto que en ambos casos, se cuenta con medios lubricantes que protegen los elementos y accesorios de dichos sistemas. Cualquier sistema hidráulico y neumático puede dañarse, ya sea por hacerlo trabajar a una velocidad excesiva, por permitir que se caliente demasiado, por dejar subir en exceso la presión, o por dejar que el fluido se contamine. Un correcto mantenimiento a estos sistemas evitará que se produzcan averías o daños. Atendiéndose a un programa de cuidados periódicos se evitan muchos inconvenientes y deterioros. De ésta forma y corrigiendo pequeños problemas se puede evitar la ocurrencia de grandes averías. Lo primero que un mecánico debe hacer, es determinar en forma precisa el modo en que se presenta la avería. Con lo cual le será fácil determinar si ésta obedece a causas de tipo mecánicas, neumáticas o eléctricas. Si se realiza una comprobación sistemática y teórica, se puede ir rodeando la avería hasta controlar el punto que se cree es la causa.

Se pueden distinguir:

1.- Averías de la sucesión y dirección de los movimientos de trabajo.

2.- Averías en las velocidades y regularidad de los movimientos de trabajo.

En el caso primero, la causa radica principalmente en averías del mando (sistema electrónico o elementos hidráulicos del pilotaje).

En el segundo caso, dependen del caudal (bombas, compresores y reguladores de caudal) y del fluido (aceite, aire e impurezas en éstos).

Fallos en bombas y motores
La bomba o el motor hacen ruido
Puede deberse a:
- Ingreso de aire a la aspiración
- Obstrucción en el tubo de aspiración
- Filtro de aspiración tapado
- Nivel de aceite bajo
- Bomba o motor con piezas gastadas

La bomba o el motor se calientan
- Puede deberse a:
- Refrigeración deficiente
- Cavitación
- Obstrucción en el circuito
- Presión muy alta
- Velocidad de giro elevada

La bomba no entrega caudal o lo hace en forma deficiente
Puede deberse a:
- Árbol de la bomba roto
- Entrada de aire en la aspiración
- Nivel de aceite bajo
- Sentido de giro invertido
- Filtro obstruido
- Bomba descebada

Fugas en la bomba o motor
Puede deberse a:
- Estanqueidad deficiente de los sellos y juntas
- Fugas en el cuerpo

- Piezas gastadas

La bomba o motor no gira
Puede deberse a:
- Llega poco caudal
- Fugas internas
- Carga inadecuada
- Motor o bomba inadecuada

Roturas de piezas internas
Puede deberse a:
- Presión de trabajo excesiva
- Agarrotamiento por falta de líquido
- Abrasivos no retenidos por el filtro

El motor gira más lento que el caudal que le llega
Puede deberse a:
- Fugas internas
- Presión baja de entrada
- Temperatura muy elevada

Desgaste excesivo de bombas y motores

Puede deberse a:

- Abrasivos o barros en el líquido
- Exceso o falta de viscosidad
- Presión muy elevada de trabajo
- Desalineamiento del eje de la bomba o motor

Fallas en válvulas

Válvula reguladora de presión

Regulador no regula o ajusta sólo a presión excesiva

Puede deberse a:

- Muelle roto
- Muelle agarrotado
- Muelle desgastado

Falta de presión

Puede deberse a:

- Orificio equilibrador obstruido
- Holgura en el émbolo
- Émbolo agarrotado
- Muelle agarrotado

- Partículas que mantienen parcialmente abierta la válvula
- Cono o asiento gastado o en mal estado

Sobrecalentamiento del sistema
Puede deberse a:
- Trabajo continuo a la presión de descarga
- Aceite demasiado viscoso
- Fugas por el asiento de la válvula

Válvula reguladora de Caudal
Regulador no regula el caudal
Puede deberse a:
- Muelle roto
- Regulador agarrotado
- Asiento defectuoso
- Mal estado de válvula antirretorno

El caudal varía
Puede deberse a:
- Émbolo agarrotado en el cuerpo de la válvula
- Aceite demasiado denso

- Suciedad del aceite

Caudal inadecuado

Puede deberse a:
- Válvula mal ajustada
- Carrera del pistón de la válvula restringida
- Canalización u orificios obstruidos
- Aceite muy caliente

Válvula de retención

Fugas

Puede deberse a:
- Juntas en mal estado
- Conexiones flojas
- Asientos defectuosos

Válvula agarrotada

Puede deberse a:
- Contrapresión en drenaje
- Asiento defectuoso
- No hay drenaje

Válvulas distribuidoras

El distribuidor se calienta

Puede deberse a:

- Temperatura elevada del aceite
- Aceite sucio
- Carrete agarrotado
- Avería en el sistema eléctrico

Distribución incompleta o defectuosa

Puede deberse a:

- Conmutador con holgura o agarrotado
- Presión de pilotaje insuficiente
- Electroimán quemado o defectuoso
- Muelle de centrado defectuoso
- Desajuste del émbolo o conmutador

El cilindro se extiende o retrae lentamente

Puede deberse a:

- El émbolo de distribución no se centra bien
- El émbolo de distribución no se corre al tope
- Cuerpo de válvula gastado
- Fugas en el asiento de la válvula

Manual de Neumática 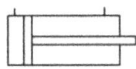 *Ing. Miguel D'Addario*

Fugas en la válvula

Puede deberse a:

- Juntas defectuosas
- Contrapresión en el drenaje
- Ralladuras en el conmutador y/o asiento de la válvula
- Conexiones defectuosas

Carrete o conmutador agarrotado

- Puede deberse a:
- Suciedad o contaminación en el fluido
- Aceite muy viscoso
- Juntas en mal estado
- Ralladuras

Fallas en filtros

Filtración inadecuada

Puede deberse a:

- Filtro obstruido
- Filtro inadecuado
- Mantenimiento inadecuado
- Exceso de suciedad en el aceite

- Al estar el conducto tapado se abre la VLP y el aceite pasa sin filtrar

Fallas en conectores y tuberías

Vibraciones

Puede deberse a:
- Caudal pulsatorio de la bomba
- Aire en el circuito
- Regulación de la presión inestable
- Cavitación
- Tuberías mal fijadas

Mala estanqueidad
- Puede deberse a:
- Juntas desgastadas o mal instaladas
- Conectores flojos o sueltos
- Mala instalación
- Tubería con tensiones.

Manual de Neumática 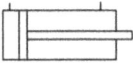 Ing. Miguel D'Addario

Automatización de un sistema neumático

Válvula lógica selectora de circuito (válvula "O")

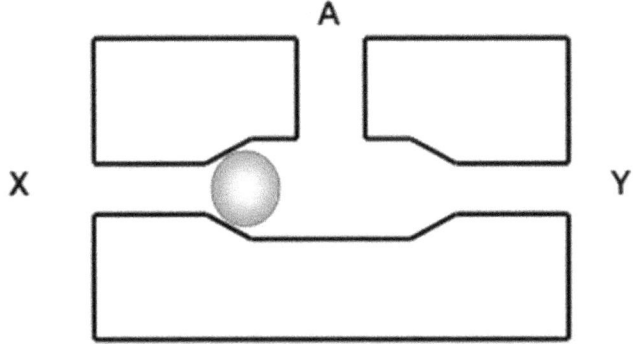

Esta tiene dos posibles llegadas de aire comprimido X e Y. La presión llega alternativamente por una de ellas, asentando la bola en el sector izquierdo obturando la conexión X, y de este modo la señal de presión se comunica a la conexión A.

Si la señal llega por X, la bola se ajusta sobre el asiento contrario bloqueando la conexión Y, y estableciendo comunicación con la línea o conexión A. Cuando la conexión A está a retorno, la bola permanece en la posición en que se encuentra.

Manual de Neumática 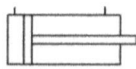 Ing. Miguel D'Addario

Presenta gran ventaja cuando se desea controlar un cilindro o válvula desde dos puntos distintos en forma alternativa.

Simbología

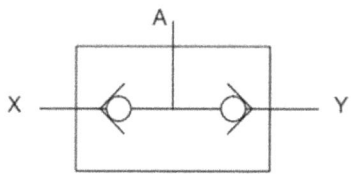

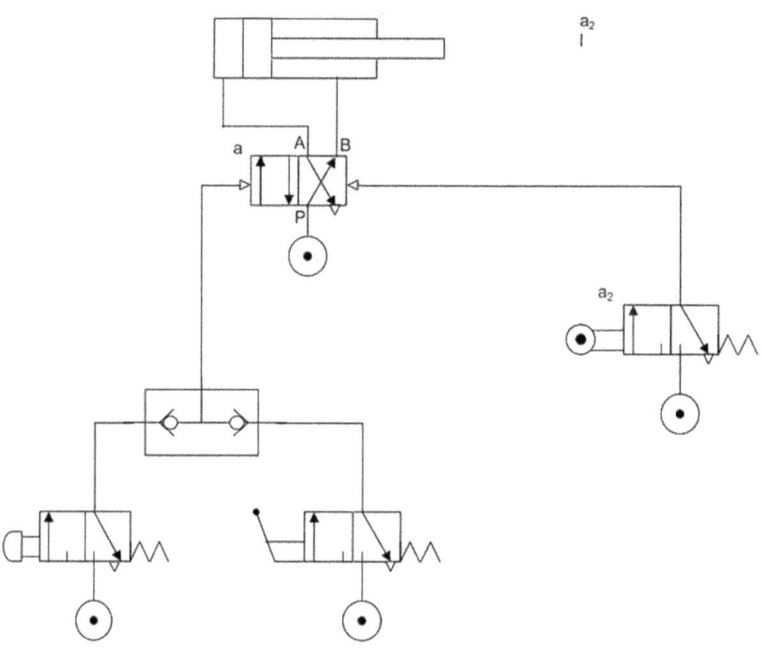

Válvula de simultaneidad (válvula "Y")

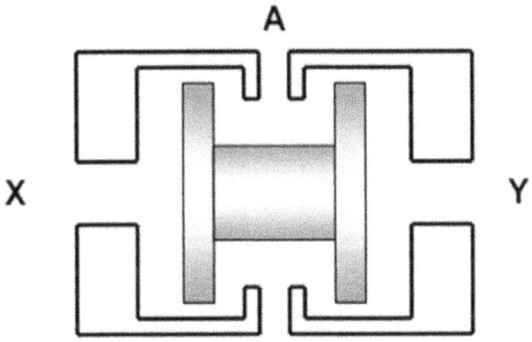

La válvula tiene dos entradas, X e Y; debiendo llegar señal de presión por ambas.

La señal que llega primero mueve la corredera bloqueando el paso a través de ella, pero permitiendo que la otra señal se comunique con la conexión A.

Simbología

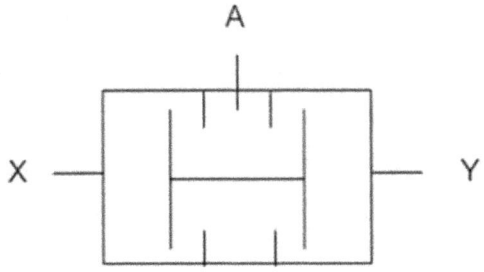

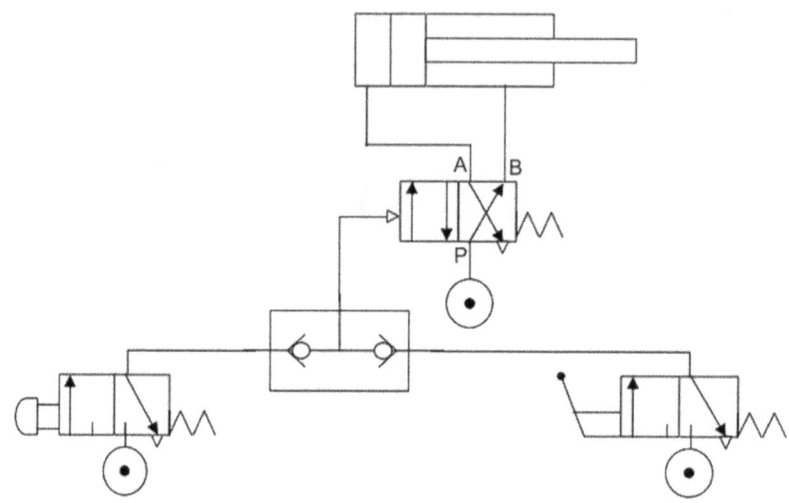

Ciclo semiautomático

Es aquel que requiere de un accionamiento manual para partir, pero el resto del ciclo se desarrolla en forma automática.

Una vez que el ciclo termina el sistema se detiene y no se repite si no se actúa nuevamente para dar la partida.

Ejemplo

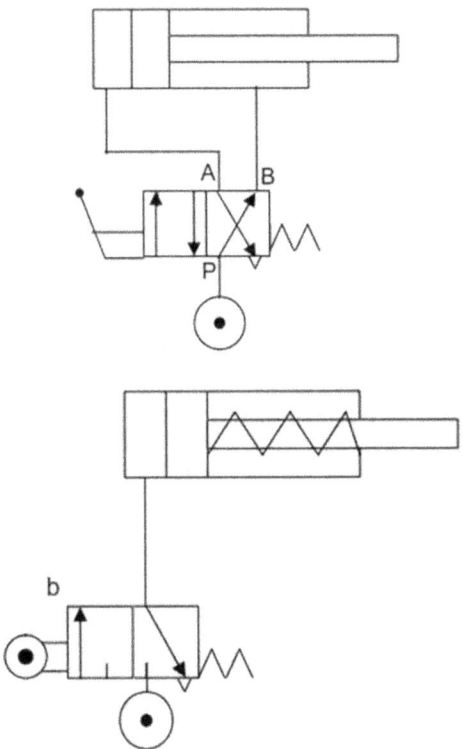

Ciclo automático

En este caso, una vez que se ha dado partida al sistema, el ciclo de trabajo se repite una cantidad indeterminada de veces, hasta que sea detenido.

Ejemplo

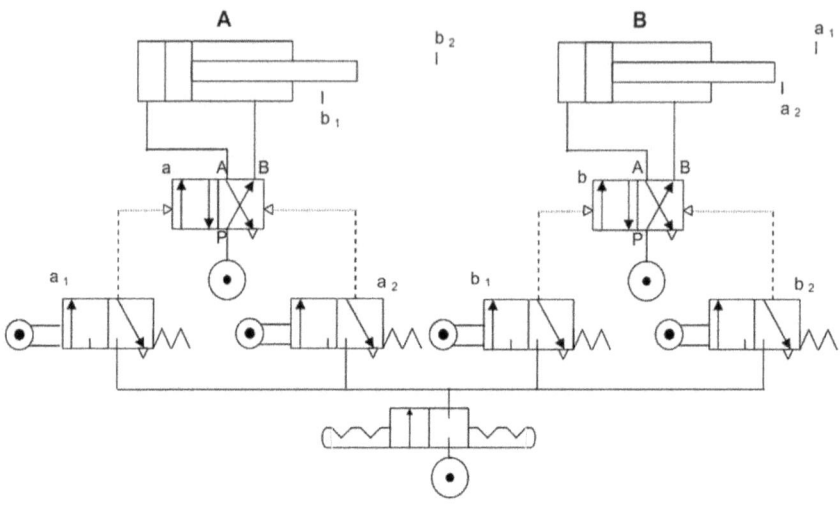

Manual de Neumática 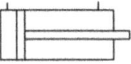 *Ing. Miguel D'Addario*

Ejercicios

1) En el siguiente esquema:

-Identificar el nombre de los elementos.

-Representar la evolución de los vástagos de los cilindros 1.0 y 2.0 mediante un diagrama de desplazamiento.

-Explicar para qué se colocan los elementos 1.01, 1.02, 2.01, 2.02.

-Describir el funcionamiento del circuito.

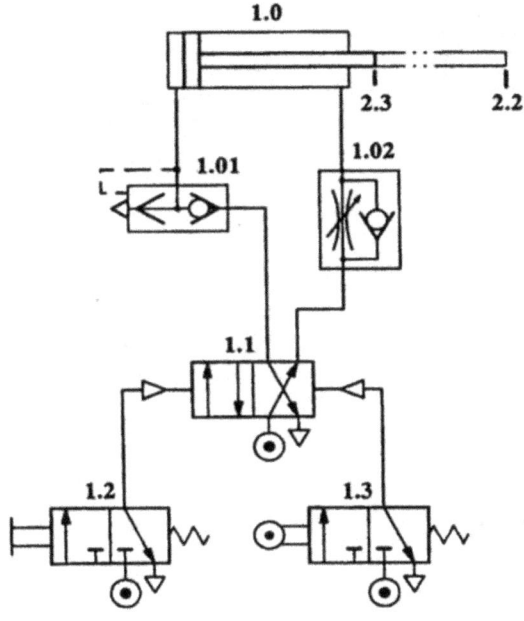

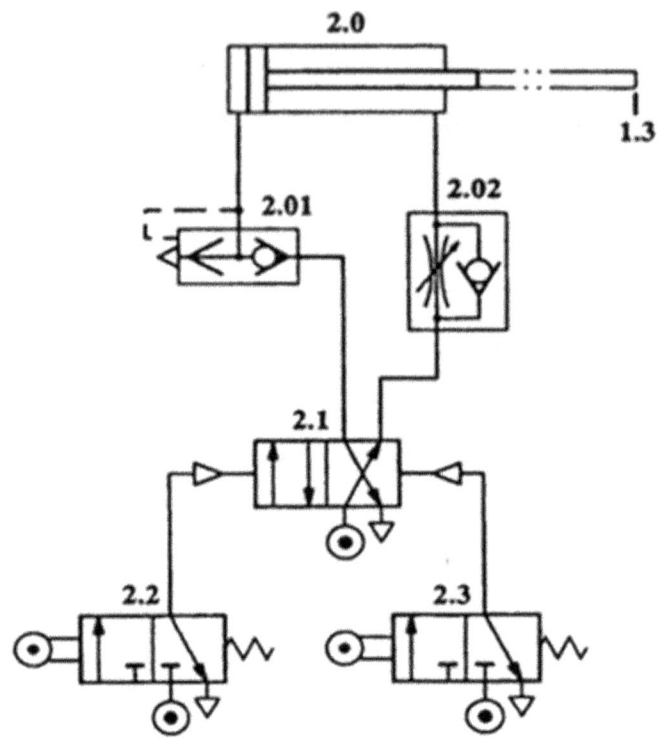

2) En el siguiente esquema:

-Identificar los elementos del circuito.

-Explicar el funcionamiento del mismo.

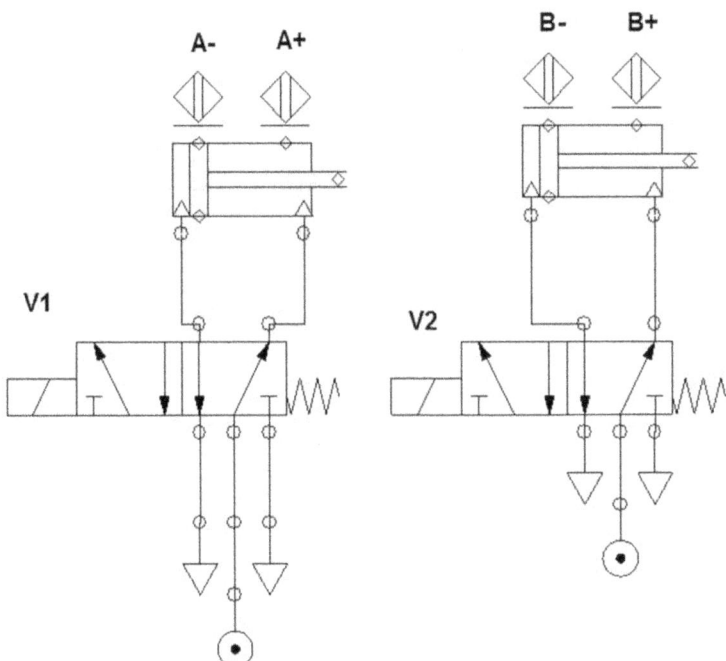

Manual de Neumática 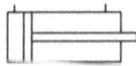 *Ing. Miguel D'Addario*

3) Analizar el siguiente circuito:

-Su funcionamiento.

-Qué función cumplen los elementos 0.1, 1.01 y 1.3.

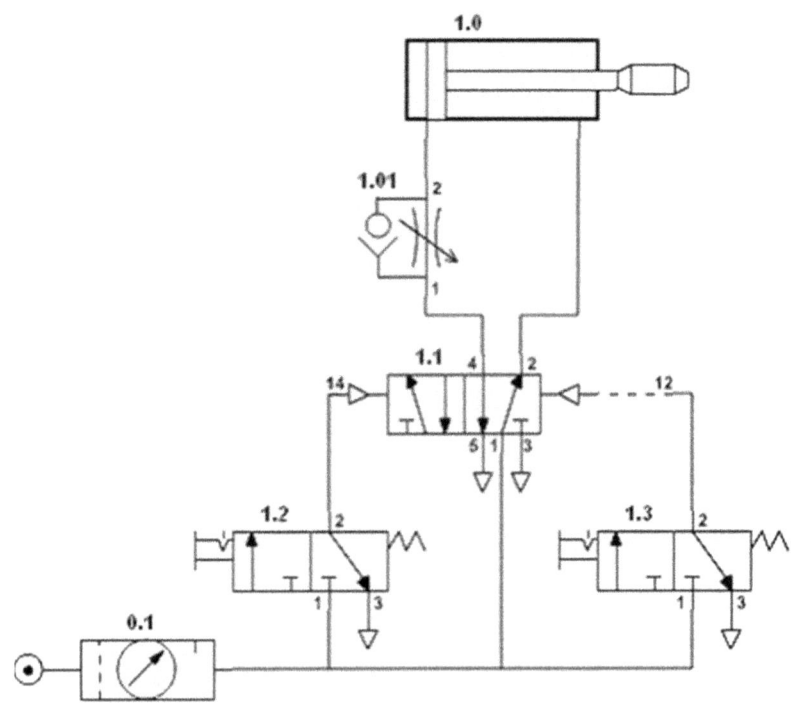

4) En el siguiente circuito:

-Analizar el funcionamiento del siguiente esquema.

-Agregar elementos (al menos 2) para complementar el circuito.

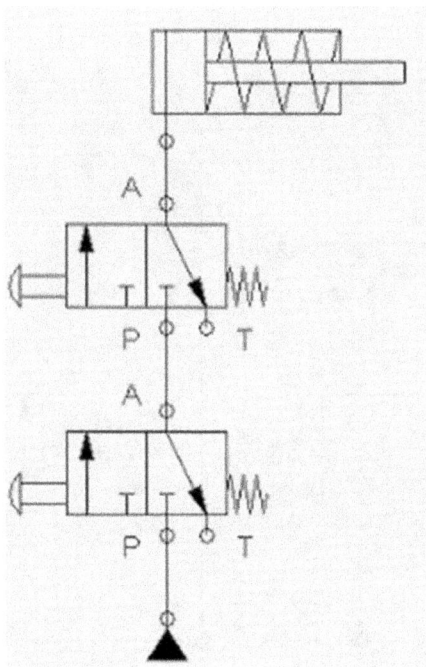

Manual de Neumática 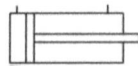 *Ing. Miguel D'Addario*

5) En el siguiente circuito:

-Describir los elementos del circuito.

-Analizar el funcionamiento.

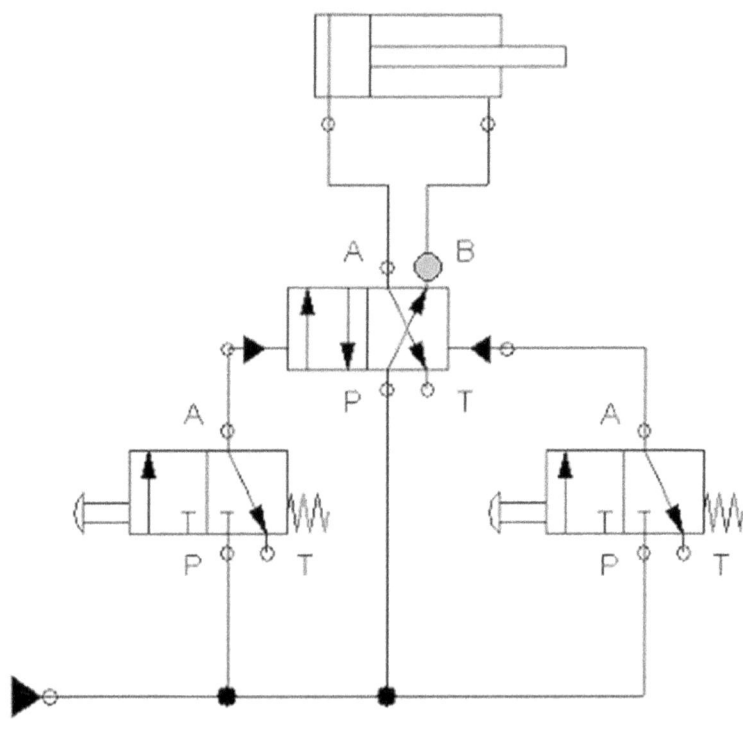

Glosario de términos

A

Actuador

Dispositivo que convierte la energía neumática en energía mecánica, un motor o un cilindro.

Acumulador

Recipiente que contiene un fluido a presión.

Accionador

Dispositivo que convierte la potencia neumática en fuerza mecánica y movimiento (por ejemplo: motores u cilindros hidráulicos)

Acoplamiento

Dispositivo que conecta dos mangueras o tuberías, o conecta las mangueras a los receptáculos de la válvula

Aeración

Aire en un fluido hidráulico, causa problemas en el funcionamiento del sistema y en los componentes.

Área anular

Es el área en forma de anillo, por ejemplo el área del pistón menos el área de la varilla.

Amortiguador

Dispositivo montado algunas veces dentro del extremo del cilindro, que restringe el flujo de salida y hace que el pistón baje lentamente.

B

Baffle

Dispositivo. Usualmente es un plato en el reservorio para separar la admisión de una bomba y las líneas de retorno.

Bleed off

Desvía una porción controlada de flujo de la bomba del reservorio.

Bomba

.La bomba que envía el fluido al sistema.

Bypass

Pasaje secundario para el flujo de un fluido.

C

Caballos de fuerza

Esta es la base y el término utilizado para medir la potencia mecánica.

Se requiere un caballo de fuerza para levantar 33,000 lbs., a un pie de altura en un minuto o 550 libras aun pie de altura en un segundo.

Un HP es la potencia requerida para levantar 550 libras a 1 pie de altura en 1 minuto. Equivale a 0,746 kW.

Caída de presión

Reducción de la presión entre dos puntos de una línea o pasaje.

Calor

Es una forma de energía que tiene la capacidad de crear un aumento de temperatura en una sustancia. Se mide en BTU (British Thermal Unit).

Cámara

Compartimiento de un elemento hidráulico.

Carrera

Longitud que se desplaza el vástago de un cilindro de tope a tope. Unidades: m, cm, pulgadas, pies.

Caudal

Volumen de fluido que circula en un tiempo determinado. Unidades: m³/min, cm³/min, l/min, gpm.

Cavitación

Condición que producen los gases encerrados dentro de un líquido cuando la presión se reduce a la presión del vapor.

Centro abierto

Condición de la bomba en la cual el fluido recircula en ella, por la posición neutral del sistema.

Centro cerrado

Condición en la cual la salida de la bomba no está con carga, en algunos casos está trabajando en neutro.

Ciclo

Operación completa de un componente que comienza y termina en una posición neutral.

Cilindro de doble acción

.Es un cilindro cuya fuerza del fluido puede ser aplicada en ambas direcciones.

Cilindro diferencial

Cilindros en los cuales las dos áreas opuestas del pistón no son iguales.

Cilindro

Dispositivo que convierte energía neumática en energía mecánica.

Circuito

Entiéndase del recorrido completo que hace un fluido dentro del sistema hidráulico.

Circuito regenerador

Circuito en el que el fluido a presión , descargado de un componente retorna al sistema para disminuir los requerimientos de entrada de flujo .Se usa con frecuencia para acelerar la acción de un cilindro al dirigir el aceite descargado al extremo del vástago al extremo del pistón.

Componente
Una sola unidad neumática.

Conducto
Tubería cuyo diámetro externo es estándar en rosca.

Contra-presión
Se refiere a la presión existente en el lado de descarga de una carga. Se debe añadir esta presión para el cálculo de mover una carga.

Controlador
Microprocesador que controla las funciones de la válvula electroneumática.

Controles neumáticos
Es un control que al actuarlo determina una fuerza neumática.

Convertidor de torque
.Un tipo de acople hidráulico capaz de multiplicar el toque que ingresa.

Corrimiento
Movimiento de un cilindro o de un motor causado por el juego interno de sus piezas, que se trasmite a los componentes del sistema hidráulico.

D

Depósito
Recipiente para mantener un suministro de fluido de trabajo de un sistema hidráulico.

Derivación
Camino alterno para un flujo de fluido.

Desplazamiento
Es la cantidad de fluido que puede pasar por una bomba, un motor o un cilindro en una revolución o carrera. Movimiento del vástago de un cilindro. Volumen desplazado de aceite al recorrer la carrera completa del cilindro. Unidades: m^3, cm^3, L, gal.

Desplazamiento positivo
Característica de las bombas de engranaje y de paletas.

E

Eficiencia
Es la relación entre la salida y la entrada, esta puede ser volumen, potencia, energía y se mide en porcentaje.

Energía
La energía puede almacenarse y / o transferirse como en resortes y puede ser en forma de calor, luz, gases o líquidos comprimidos.
Los resortes pueden mover piezas mecánicas; y el calor causa la explosión de gases y metales; los gases y líquidos comprimidos son capaces de aplicar fuerza sobre objetos.

Enfriador
Intercambiador de calor del sistema hidráulico.

F

Filtro

Dispositivo que retiene partículas metálicas o contaminantes del fluido.

Fluido

Líquido o gas. Un líquido que es específicamente compuesto para usarlo como medio de transmitir potencia en un sistema hidráulico.

Flujo

Es producido por la bomba que suministra el fluido.

Frecuencia

Número de veces que ocurre en una unidad de tiempo.

Fuerza

Efecto necesario para empujar o jalar, depende de la presión y el área. F = P x A. Es la aplicación de una energía. La fuerza hace que un objeto en reposo se mueva. La fuerza hace que un objeto en movimiento cambie de dirección.

H

Hidráulica

Ciencia de la ingeniería que estudia los fluidos.

El uso de un fluido bajo presión controlada para realizar un trabajo.

Hidrodinámica

Estudio de los fluidos en movimiento.

Hidrostática

Estudio de los fluidos en reposo.

I

Intercambiador de calor

Dispositivo usado para producir transferencia de calor.

L

Ley de Pascal

La fuerza hidráulica se transmite en todas direcciones.

"La presión ejercida sobre un líquido confinado se transmite con igual intensidad en todas direcciones y actúa con igual fuerza sobre todas las áreas iguales".

Línea de retorno

Línea usada para regresar el fluido al reservorio.

Línea de succión

Línea que conecta el reservorio con la bomba.

Líquido

Sustancia con la capacidad de adoptar cualquier forma.

M

Manifold

Múltiple de conexiones o conductores.

Motor

Dispositivo que cambia la energía neumática en mecánica en forma giratoria.

Neumática

Parte de la física que trata de las propiedades de los gases desde el punto de vista de su movimiento.

O

Orificio

Es una restricción que consiste en un orificio a través de la línea de presión.

P

Pasaje

Conductor de fluido a través del control hidráulico.

Pascal

Científico que descubrió que se podía transmitir fuerza a través de un fluido.

Pistón

Elemento que dentro del cilindro recibe el efecto del fluido.

Plunger

Pistón usado en las válvulas.

Potencia

Es la cantidad de trabajo realizada en un periodo de tiempo o la velocidad a que una cantidad dada de trabajo se realiza. Un hombre puede cargar 5 toneladas de carbón en 8 horas, pero otro podría cargar 8 toneladas en 8 horas. El segundo hombre tiene mayor potencia porque realizó mayor trabajo en el mismo período de tiempo.

Presión
Fuerza por unidad de área. Se expresa en PSI o en kPa. Es creada por la restricción al flujo. La presión ejercida en un recipiente es la misma en todas direcciones.

Presión absoluta
Escala de presiones en la cual a la presión del manómetro se le suma la presión atmosférica.

Presión atmosférica
Es la presión que soporta todo objeto, debido al peso del aire que le rodea. El valor de la presión atmosférica normal es 14.7 PSI (a nivel del mar).

PSI
Pound per square inch - Libras por pulgada cuadrada.

R

Relación de flujo

El volumen, masa, peso del fluido, en una unidad de tiempo.

Reservorio

Depósito que contiene el fluido hidráulico.

Respiradero

Dispositivo que permite al aire entrar y salir del recipiente manteniendo la presión atmosférica.

Restricción

Reducción de la línea para producir diferencias de presión.

S

Spool

Carrete que se mueve dentro de un cuerpo de válvula.

Succión

Es la ausencia de presión o presión menor que la atmosférica.

T

Torque
Fuerza de giro.

Trabajo
Es el efecto que produce una fuerza cuando se desplaza una determinada distancia, se mide en kg-m, N-m, lb-pie. Es el movimiento de un objeto a través de una distancia. El trabajo es una función de fuerza por distancia. Cuando un peso de una libra se alza una distancia de cinco pies, se ha realizado un trabajo de cinco libras-pie. Si se aplica una fuerza de diez libras para mover un automóvil diez pies, entonces se ha realizado 100 lbs-pie de trabajo no importa el peso del auto.

Torque o torsión
Es un esfuerzo de torcimiento o de giro, la torsión no tiene su resultado en movimiento rectilíneo.
La torsión se mide multiplicando la fuerza aplicada a una palanca, en otras palabras multiplicamos la fuerza por la longitud de la palanca, o sea la longitud

comprendida entre el extremo donde actúa la fuerza y el extremo donde se apoya la palanca.

Si aplicamos al extremo de una llave de boca de dos pies de longitud para ajustar un perno, una fuerza o tiro de 10 lbs hemos aplicado 20 lbs pie de torsión al perno.

V

Válvula check

Válvula que permite el flujo en un solo sentido.

Válvula de alivio

Es la que determina la máxima presión del sistema, desviando parte de aceite hacia el reservorio cuando la presión sobrepasa el valor ajustado.

Válvula de control de flujo

Válvula que controla la cantidad de flujo de un fluido.

Válvula direccional

Válvula con diferentes canales para dirigir el fluido en la dirección deseada.

Válvula piloto

Válvula auxiliar usada para actuar los componentes del control hidráulico.

Válvula

Dispositivo que cierra o restringe temporalmente un conducto. Estas controlan la dirección de un flujo, controlan el volumen o caudal de un flujo y controlan la presión del sistema.

Velocidad

Es la rapidez de movimiento del flujo en la línea.

Viscosidad

Es una medida de la fricción interna o de la resistencia que presenta el fluido al pasar por un conducto.

Volumen

Tamaño de espacio de la cámara, se mide en unidades cúbicas: m^3, pies cúbicos.

Bibliografía

-Croser P., F. Ebel: Neumática básica.

-Cherkasski V.M., "Bombas, ventiladores y compresores.

-D'Addario Miguel. Manual de Hidráulica.

-D'Addario Miguel. Técnicas de mecanizado.

-Deppert W. / K. Stoll (1977). Aplicaciones de la Neumática.

-Ezcorza, Manuel (n.f.). Método de Cascada.

-Faires, Virgil M., Diseño de Elementos de Maquinas, UTEHA S.A.

-Mabie, H., Charles F. Reinholtz, Mecanismos y dinámica de maquinaria.

-Mejía, C., Álvarez, J., Rodríguez, L. (2010). Manual de preparación para olimpiadas nacionales de mecatrónica.

-Rouff C., Waller D., Werner H., "Electro neumática", Pneumatics.

-Serrano, A. (2008). Neumática. España.

-Seborg D., T.Edgar, D.A. Melichamp, "Process Dynamics and Control", Wiley.

-Suh C.H., C.W. Radcliffe., "Kinematics and mechanisms design", Wiley, New York.

-Terzi E., Regber H., Ebel F. "Controles lógicos programables".

-Waller D., Werner H., "Neumática", "Electro neumática".

-Warnock G., "Programmable controllers Operating and application", Prentice.

-www.komat.es/productos/automatizacion.htm

-www.ing.uc.edu.ve/www.centralair.es

-www. www.sapiensman.com

-www. mecanicavirtual.iespana.es

-www. www.aghilis.com

-www.control-systems-principles.co.uk

Manual de Neumática 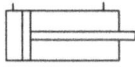 *Ing. Miguel D'Addario*

Manual de
NEUMÁTICA
Fundamentos, cálculos y aplicaciones

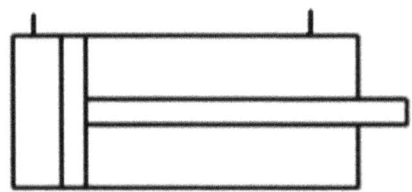

Ing. Miguel D'Addario

Primera edición
2017
CE

Manual de Neumática  *Ing. Miguel D'Addario*

www.ingramcontent.com/pod-product-compliance
Lightning Source LLC
Chambersburg PA
CBHW071417180526
45170CB00001B/141